U0151370

纺织服装高等教育"十四五"部委级规划教材

鞋靴设计与效果表现

主 编 黄 伟
副主编 贺 柳 张 宁

东华大学出版社·上海

图书在版编目（CIP）数据

鞋靴设计与效果表现 / 黄伟主编 . —上海：东华
大学出版社，2022.12
ISBN 978-7-5669-2126-0

Ⅰ . ① 鞋…　Ⅱ . ① 黄…　Ⅲ . ① 鞋－设计　Ⅳ . ① TS943.2

中国版本图书馆 CIP 数据核字（2022）第 230408 号

责任编辑：张力月
封面设计：上海程远文化传播有限公司
版式设计：上海三联读者服务合作公司

鞋靴设计与效果表现

XIEXUE SHEJI YU XIAOGUO BIAOXIAN

主　　编：黄伟
副 主 编：贺柳　张宁
参　　编：林堃　李凯　秦泰　宋路路　贺鑫　苏雪珍　邓宸炅
出　　版：东华大学出版社（上海市延安西路1882号，邮政编码：200051）
本社网址：dhupress.dhu.edu.cn
天猫旗舰店：http://dhdx.tmall.com
营销中心：021-62193056 62373056 62379558
印　　刷：上海当纳利印刷有限公司
开　　本：889mm×1194mm 1/16
印　　张：10
字　　数：256千字
版　　次：2022年12月第1版
印　　次：2022年12月第1次印刷
书　　号：ISBN 978-7-5669-2126-0
定　　价：68.00

目　录

1 第一章 概 述

学习目标： 通过概念讲解，使学习者深刻理解鞋靴造型设计的基本理
论，同时掌握鞋靴设计效果图的特征及学习方法。

学习要求： 1.培养对鞋靴造型的审美能力并收集鞋靴设计与效果表现
相关图像资料；

2.了解鞋靴设计效果图不同绘制工具的特点。

学习重点： 认真理解鞋靴设计效果图的各种不同特征及鞋靴设计效果
图的一般工具属性。

学习难点： 如何正确区分鞋靴设计效果图的各特征与绘画工具的适用性。

第一节 鞋靴设计效果图的概念与意义

鞋靴是服饰重要的组成部分。"鞋"是指穿在脚上起到保护和辅助行走功能的且兼具装饰效果的物品，"靴"是指鞋帮高度超过脚踝部的鞋，"鞋靴"是这类物品的总称。伴随人类社会的发展，鞋靴的功能性与审美性不断变化，由当初单一的功能性向装饰性、象征性发展，现今的鞋靴设计更具审美性，用以表达个性和显示身份。

很多人狭隘地认为鞋靴设计只是画图稿，其实它包含功能设计、结构与样板设计、工艺技术设计、形象造型设计、材料设计、人文设计等内容，是一个较为复杂的综合性流程：信息收集与分析 ⟹ 产品设计定位 ⟹ 产品组合设计 ⟹ 鞋楦设计 ⟹ 基本款型设计 ⟹ 底、跟设计与搭配 ⟹ 色彩设计 ⟹ 材料设计与搭配 ⟹ 设计构思与效果图表现 ⟹ 设计方案筛选与确定 ⟹ 鞋靴样版设计与制作 ⟹ 定样 ⟹ 量产。在整个设计过程中，鞋靴设计效果图是从创意设计到成品制作中的关键步骤，是鞋靴产品设计过程中的一个重要环节，是鞋靴设计人员应掌握的一种基本技能。

一、鞋靴设计效果图的含义

鞋靴设计效果图是指设计师通过运用线条、色彩、明暗等绘画造型要素，真实、形象地展现鞋靴产品形态、色彩、质感、结构等方面的绘画设计图稿，是艺术性与技术性相结合的一种特殊艺术形式，也是设计师从草图构思到产品成型的独立艺术表达方式，具有形象性、直观性、平面造型性等特征，同时又兼顾了鞋靴产品的实用性、商业性以及艺术的创造性和传达性。

二、鞋靴设计效果图的意义

目前在鞋靴产品开发中，设计人员通过以下几种绘图形式进行设计意图表达：一是用单线绘制立体视图；二是绘制彩色效果图；三是绘制鞋靴部件图；四是绘制鞋靴工艺装配图。虽然鞋靴设计效果图所表现的内容形式与绘制手法各不相同，但其目的基本相同，主要体现在以下四个方面：

（1）通过鞋靴设计效果图的形式来体现设计师对潮流的把握，表达设计师的设计意图。为设计产品提供形象和真实的观察效果，有利于设计人员、技术人员、管理人员对新产品的设计进行反复推敲和比较，使新产品开发工作的效率、效果都能有较大的提高（图1-1-1）。

（2）在设计师与技术人员之间起到桥梁的作用。通过设计效果图技术人员不仅可以掌握产品的结构、比例、色彩、材质及工艺要求，同时还能进一步洞察作品风格，为设计的完美体现奠定基础。

（3）鞋靴设计效果图已经远远超出纯粹的商业插画和设计效果图本身，可作为一件具有独特审美价值的艺术作品存在（图1-1-2~图1-1-4）。

（4）鞋靴设计效果图以其独有的艺术魅力在服饰及相关领域的广告、宣传上占有一席之地，对产品销售有一定的促进作用。

图1-1-2　鞋靴插画表现

图1-1-1　运动鞋设计效果图

图 1-1-4　男式休闲鞋与服装搭配效果图

图 1-1-3　女式休闲鞋与服装搭配效果图

第二节　鞋靴设计效果图的特征

鞋靴设计效果图具有写实性、科学性、固定性、工艺性、商业性等特征。

一、写实性

鞋靴设计效果图与服装设计效果图不同，服装设计效果图一般画得比较夸张，这与服装造型的可塑性以及服装着装表演的特定氛围有关。相对来说，鞋靴设计效果图受其产品特点的影响和限制，有其独有特征。由于受脚部形态、活动方式、运动机能、材料、工艺等因素影响，鞋靴产品造型外观形态变化幅度较小。这一特点反映到鞋靴效果图上，就要求在鞋靴设计效果图中真实地呈现出设计人员的设计构思，其中包括鞋靴的轮廓形状、结构式样、色彩、材料质感、图案、线迹、制作工艺手法、装饰工艺、装饰配件等所有鞋靴造型组成部分。在服装设计图中有一种是款式图，它是效果图的补充，起着详解服装款式、结构、工艺要求等作用，并配有相应的文字说明。鞋靴设计效果图由于其写实性，人们看图就可以明白这款鞋靴造型特点、色彩、结构、工艺等情况，因而也兼有这种款式图的作用。当然，对于较复杂的鞋靴款式，也可以配上款式图，只有这样，我们画出的鞋靴设计效果图才能更符合生产和穿用要求（图1-2-1）。

二、科学性

鞋靴设计效果图的科学性要求设计人员对脚型特征、脚的生理与运动机能、鞋靴结构设计原理、样板制作、鞋靴工艺等都要有所了解。在满足人体功能学的基本要求上符合鞋靴设计基本规律（图1-2-2）。

三、固定性

鞋靴设计效果图与其他产品设计效果图相比，表现角度具有相对固定性。通常情况下选择平视正外侧角度和俯视外侧3/4角度，这两种角度基本能满足对鞋靴造型、结构和加工工艺特点的展现。除此之外，在必要的时候也可以表现鞋靴里侧以及鞋靴头型、饰件、鞋底、后跟等局部细节（图1-2-3）。

图1-2-1　写实性男鞋设计效果表现

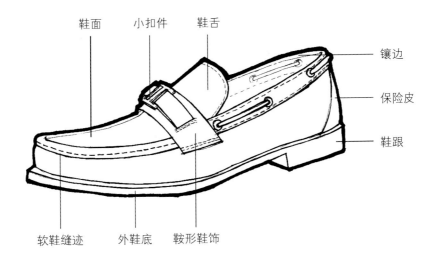

鞋面　小扣件　鞋舌　　　　　镶边

保险皮

鞋跟

软鞋缝迹　外鞋底　鞍形鞋饰

图 1-2-2　乐福鞋部件示意图

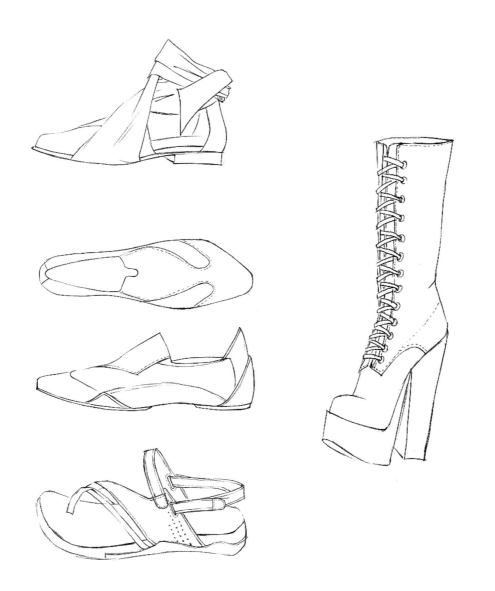

图 1-2-3　不同角度的鞋靴表现

四、工艺性

鞋靴设计效果图最终要通过某种工艺手段转化为实物产品（图1-2-4～图1-2-6），这就要求鞋靴设计效果图应对其工艺加工手法、特点有明确的表现。

五、商业性

商业性是鞋靴设计的主要目的。鞋靴设计效果图不仅要有较强的艺术表现力，而且还必须使设计紧跟时代潮流、满足市场的需求，做到美观与实用相结合，提升消费者的购买欲，从而使产品开发后有较好的销售量。

图1-2-4 男靴设计效果图

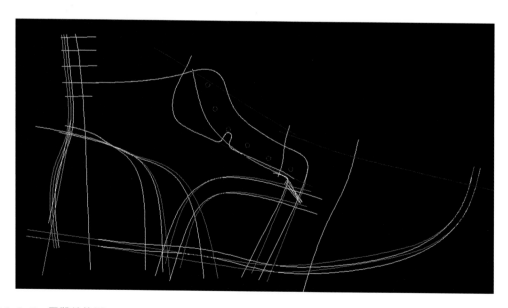

图1-2-5 男靴结构图

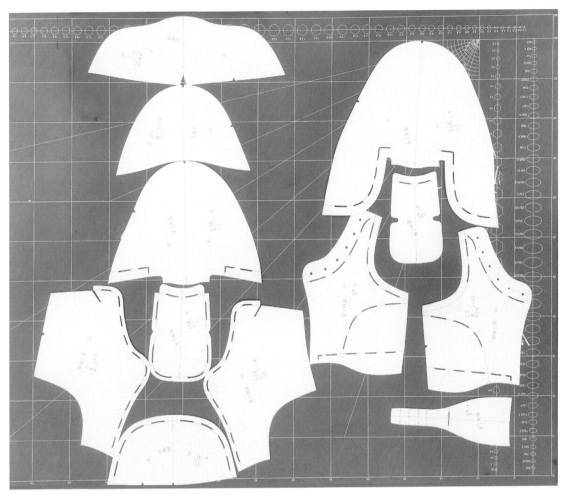

图 1-2-6　男靴纸版图

第三节　鞋靴产品设计与鞋靴设计效果图的关系

一、设计的有效工具

用鞋靴设计效果图表达鞋靴产品设计具有方便、快捷的特点，而且成本低廉、适合于任何场合。因此，直到今天还没有一种形式能够取代效果图用于鞋靴产品设计的表达。

二、设计的基本手段

国内外大多数成功的鞋靴设计师都精通鞋靴设计效果图绘制。优秀的鞋靴设计效果图不仅能够尽善尽美地体现作者的设计意图，同时，图中完美的产品造型、绚丽的色彩以及优美的线条都会带给设计师无尽的设计灵感。

三、设计的必要保障

好的创意与构思是鞋靴产品设计成功的关键。然而，我们的设计有时会在漫长的实施过程中偏离初衷，因此，效果图的存在为我们顺利完成设计初衷提供了保障。

第四节 鞋靴设计效果图的工具分析

鞋靴设计效果图技法与画面效果都可以任意发挥，所以绘制工具不受限制，主要有：纸、笔、颜料、画板、胶带、尺等。

一、纸张

用于绘制鞋靴设计效果图的纸张是由不同技法所决定的，不同的技法对纸张的厚度、表面肌理、吸水度等要求都是不同的。一般有：打印纸、素描纸、水粉纸、水彩纸、各类卡纸、底纹纸等。

二、颜料

常用的颜料有两种：一种是水彩颜料（图1-4-1），其特点是覆盖力较弱且色彩透明；另一种是水粉颜料，其特点是覆盖力较强。

三、其他辅助工具

鞋靴设计效果图绘制的辅助工具主要有：画板、调色盘（图1-4-2）、水桶、拷贝纸、胶带、美工刀、橡皮、三角板、曲线板（图1-4-3）等。

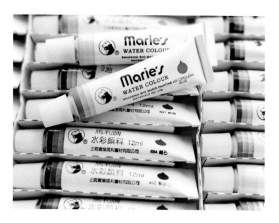

图1-4-1 水彩颜料

图1-4-2 调色盘

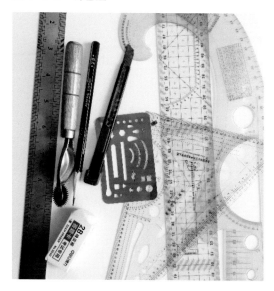

图1-4-3 各类辅助工具

四、笔

鞋靴设计效果图绘制的用笔主要有三种：画初稿用的铅笔、上色用的涂色笔、勾线用的勾线笔。

（1）铅笔：常用软硬适中的六棱杆铅笔或自动铅笔。

（2）涂色笔（图1-4-4）：白云毛笔（圆头毛笔）、水粉笔（扇头毛笔）、水彩笔、马克笔（图1-4-5、图1-4-6）、彩铅、油画棒等。

（3）勾线笔：勾线笔主要分为硬线笔和软线笔。硬线笔有针管笔、速写钢笔、纤维笔、高光笔等；软线笔有衣纹笔、叶筋笔、小红毛笔等（图1-4-7）。

图1-4-4　各类涂色笔

图1-4-5　各类马克笔（1）

图1-4-6　各类马克笔（2）

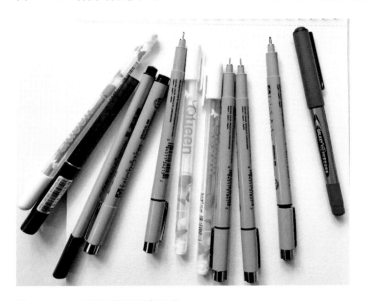

图1-4-7　各类针管笔及高光笔

第五节　鞋靴设计效果图学习的内容、原则和方法

一、鞋靴设计效果图的学习内容

鞋靴设计效果图的学习目的是培养鞋靴产品设计者或可能成为鞋靴产品设计者的人，在两维平面中准确刻画出鞋靴产品的形体、质感、空间感的造型技能。造型能力的培养是学好鞋靴设计效果图不可省略和逾越的环节。因此对于从事鞋靴设计的人员来说，掌握好效果图的表达能力，能使他们将鞋靴设计意图准确地传达给设计人员、技术人员、管理人员和顾客。

鞋靴设计效果图所包涵的内容虽然繁杂，但对其进行归纳、总结后主要包括素描稿以及色彩稿两方面内容：

素描稿是画好鞋靴设计效果图的基础。包括：脚部结构、比例、空间层次以及鞋楦造型四个主要方面。素描稿的难点主要在于对脚部结构、比例的把握；鞋靴款式细节的表达；光线设置及明暗关系的处理。因此，脚部素描写生、速写等基础知识的学习必不可少。

色彩稿在素描稿绘制的基础上强调色彩搭配、面料质感等，它是通过色彩的表现手法对鞋靴进行描绘。绘制鞋靴效果图的工具繁多，因此要勤加练习并掌握各种绘画材料的特性，取长补短、融会贯通。

二、学习鞋靴设计效果图需具备的能力

（1）目测鞋靴设计各部位比例的能力；

（2）掌握脚部结构与比例的能力；

（3）绘制脚部正外侧角度和俯视外侧3/4角度的能力；

（4）明暗关系绘制及空间处理能力；

（5）对各种绘画材料掌握的能力；

（6）熟悉各种材料质感并进行设计运用的能力；

（7）款式细节设计的表现能力；

（8）收集、分析优秀作品的能力；

（9）灵敏捕捉流行信号的能力。

三、鞋靴设计效果图的学习原则

1. 循序渐进原则

鞋靴设计效果图学习是一个循序渐进的过程，欲速则不达，不能急于求成。要遵循由简单形体到复杂形体，由单色表现到彩色表现，由单一材质表现到多种材质表现，由单品类表现到多品类表现的学习过程。

2. 目的明确原则

鞋靴设计效果图学习首先要明确学习目的，所有的绘画训练都围绕着鞋靴产品设计表现来进行。如脚部造型的表现主要训练效果图所需的脚部平视正外侧角度、俯视外侧3/4角度、脚底平面及后跟等，有针对性的训练将会缩短学习时间。

3. 形体结构、设计细节第一的原则

鞋靴设计效果图主要是传达设计者的设计意图，以表现产品结构、比例、款式细节、色彩搭配、面料质感为主。不要被绘画各要素所缚束，以免影响设计细节及形体结构的表达。

四、鞋靴设计效果图的学习方法

鞋靴设计效果图的学习方法与其他绘制技法基本相同。要做到"多看、多想、多练"。

"多看"主要是量的积累，只有多看多学习，才会提高审美水平且自明其理。

"多想"是多分析、多动脑，特别是对于一些好的鞋靴设计作品，一定要反复研究，从各方面进行分析，找出优点并为己所用。

"多练"是指鞋靴设计效果图学习需要反复练习，使表现技法更加娴熟，这也是最重要的一点。同时多练还必须运用正确的方法：学习训练的时间集中；理论与实践相结合进行训练。先掌握基本的脚部结构与鞋楦造型，练好基本功，再练鞋靴线

稿，最后练着色，"多则熟"，"熟生巧"。

鞋靴设计效果图的具体训练方法有：写

生训练；临摹优秀效果图；画照片；根据主题设计创作等（图 1-5-1、图 1-5-2）。

图 1-5-1 运动鞋资料图片

图 1-5-2 运动鞋单色练习

课后建议练习

1. 查找 5 款鞋靴设计效果图图片并进行临摹练习；

2. 找 3 只不同款式的鞋靴并进行写生训练；

3. 对常用绘画工具的绘制特点进行总结。

2 第二章 脚部形体结构分析

学习目标： 通过对脚部形体结构的学习，了解脚部的骨骼、肌肉等，并以几何结构呈现，最终达到熟练进行鞋靴设计并绘制效果图的目的。

学习要求： 1. 掌握脚部的基本结构规律与结构特点；
2. 理解脚部骨骼、肌肉对脚外形特征的影响。

学习重点： 理解脚部的几何特征。

学习难点： 掌握脚部从现实形态到几何形态，从几何形态到鞋楦，再从鞋楦到鞋子的整个过程。

　　脚由神经、血管、皮肤、骨骼、肌肉与关节组成，是人体运动器官的一部分，与人体其他部分一样，是一个有生命的机体，执行着一定的生理功能。它的功能是维持人体静态和动态的姿势与活动，对人体起到支持与平衡作用，即支撑体重、吸收震荡、传递运动等。

　　人类脚部形体结构决定了鞋靴基本外观造型，鞋靴设计主要考虑的是研发产品的实用性与美观性，所以鞋靴设计与表现必须要先了解脚部的形体结构与比例关系。我们要从设计需要出发，着重认识和把握脚部的平视正外侧和俯视外侧3/4两个角度的形体结构和比例关系。

第一节　脚部解剖结构

一、脚部骨骼

对脚部形体结构的认识和把握，首先要看脚部的解剖结构。骨骼是人体的支架，是一种复合材料，它的主要成分是有机物和无机物。人体单脚上的骨骼为 26 块，主要可分为趾骨、跖骨和跗骨三大部分（图 2-1-1、图 2-1-2）。

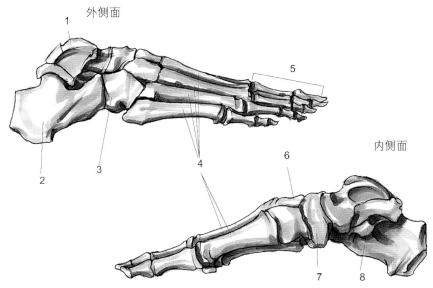

1. 距骨　2. 跟骨　3. 骰骨　4. 跖骨　5. 趾骨　6. 骰骨　7. 舟状骨　8. 载距突

图 2-1-1　脚部骨骼图（1）

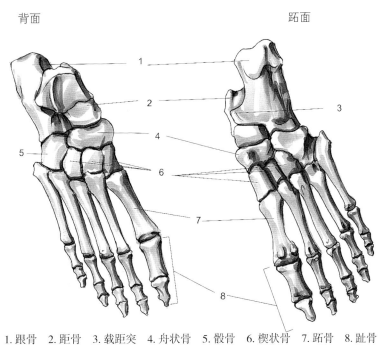

1. 跟骨　2. 距骨　3. 载距突　4. 舟状骨　5. 骰骨　6. 楔状骨　7. 跖骨　8. 趾骨

图 2-1-2　脚部骨骼图（2）

趾骨在脚的前部，共14节，除拇趾为2节外，其余各脚趾骨骼均为3节，其形态特征为前细后粗，侧视前端趾节骨呈三角形。

跖骨在脚的中部，共5根，自脚内侧向外依次为第一、二、三、四、五跖骨，其中第一跖骨最短且坚硬。跖骨与趾骨之间有一定角度，即脚趾骨向上有一定翘度。从侧面看，从跖骨前端点开始并向后与跗骨形成弓状。

跗骨由七块骨骼组成，它们分别是第一、二、三楔骨（由脚内侧向外侧依次排列）、舟状骨、骰骨、距骨和跟骨。

二、脚部关节

关节为骨与骨之间可动的连接部位。脚部主要关节有踝关节、跗骨间关节、跗跖关节及跖趾关节。

踝关节是一个非常重要的运动与负重关节。

跗骨间关节主要承担脚的内外翻、内收和外展等活动。

跗跖关节是跖骨与骰骨、楔骨之间的关节，其中第一楔骨与第二跖骨间的韧带是主要的稳定结构。

跖趾关节是跖骨与趾骨之间的关节，对鞋楦设计而言，是一个非常重要的关节。

三、脚部肌肉

肌肉主要由肌组织构成。脚部肌肉用于支持体重和行走，也用于维持足弓。脚部主要肌肉分为足背肌和足底肌两部分。足背肌包括拇短伸肌、趾短伸肌等。足底肌包括拇展肌、拇短展肌、拇收肌等的内侧群；趾短屈肌、跖方肌、蚓状肌、骨间肌等的中间群；小趾短肌、小趾短屈肌等的外侧群（图2-1-3）。

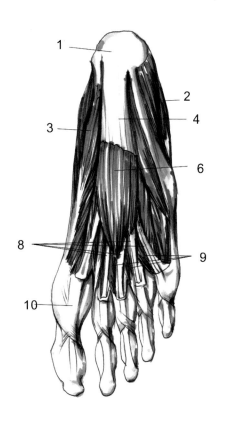
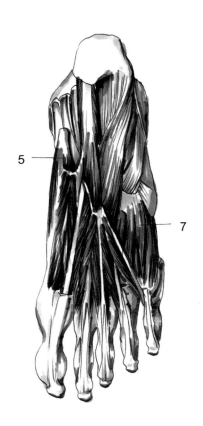

1.跟骨结节　2.小指展肌　3.拇展肌　4.足底腱膜　5.拇展肌
6.趾短屈肌　7.小指短屈肌　8.趾长屈肌腱　9.蚓状肌　10.拇长伸肌腱

图 2-1-3　脚部肌肉图

四、脚部皮肤

脚部皮肤与身体其他部分的皮肤一样，分为表皮、真皮、皮下组织三大层。第一层为表皮，在表皮以下是真皮层，内有毛发、汗腺、皮脂腺、血管和神经末梢等；最下面是皮下组织，内有脂肪、血管和神经末梢等。

五、足弓

人类为了适应直立行走，足骨形成了内外两个纵弓和一个横弓。足弓的功能是负重、行走、吸收震荡等，其构成如下（图2-1-4）：

内侧纵弓：由跟骨、距骨、舟状骨、楔骨和第一、第二、第三跖骨组成。

外侧纵弓：由跟骨、骰骨和第四、第五跖骨组成，弓身较低。

横弓：由第一、第二、第三楔骨和第一、第二、第三、第四、第五跖骨基底组成。全体作拱桥形排列。

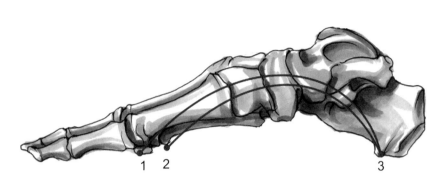

1.第一跖趾关节突点　2.第五跖趾关节突点　3.跟骨突点

图2-1-4　足弓结构图

第二节　脚部几何结构

脚部几何结构可以从平面几何形状和立体几何形态两个方面来认识和把握。将脚部分为几何结构形状和形态，有利于对脚的现实形态的认识和把握。

脚部平视正外侧角度的平面几何形状可按梯形来认识、理解和把握。脚部俯视外侧3/4角度也同样可概括为不等边的前坡长、后坡短的立体梯形；还可以概括为前部带有台阶（脚趾）的内侧比外侧高的梯形立体（图2-2-1、图2-2-2）。

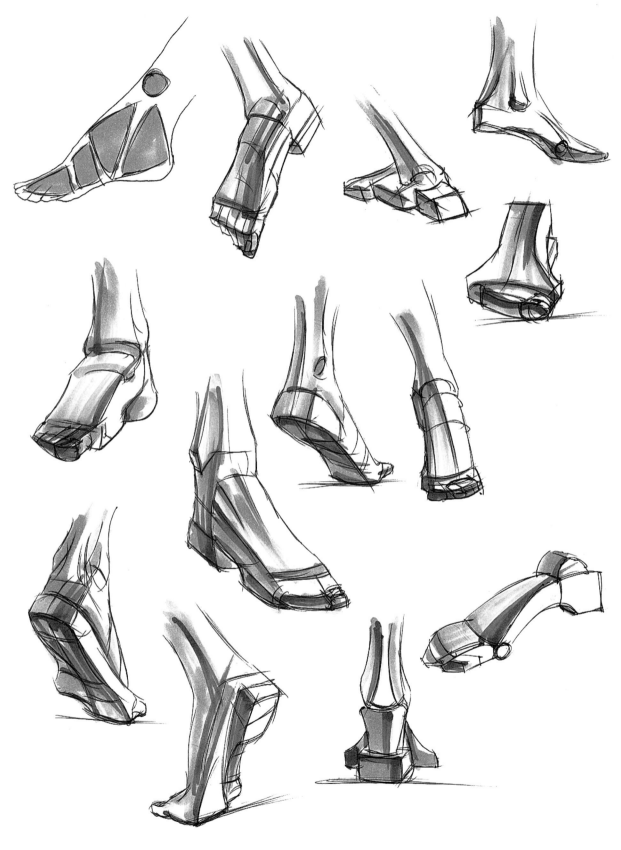

图 2-2-1　脚部几何结构（1）

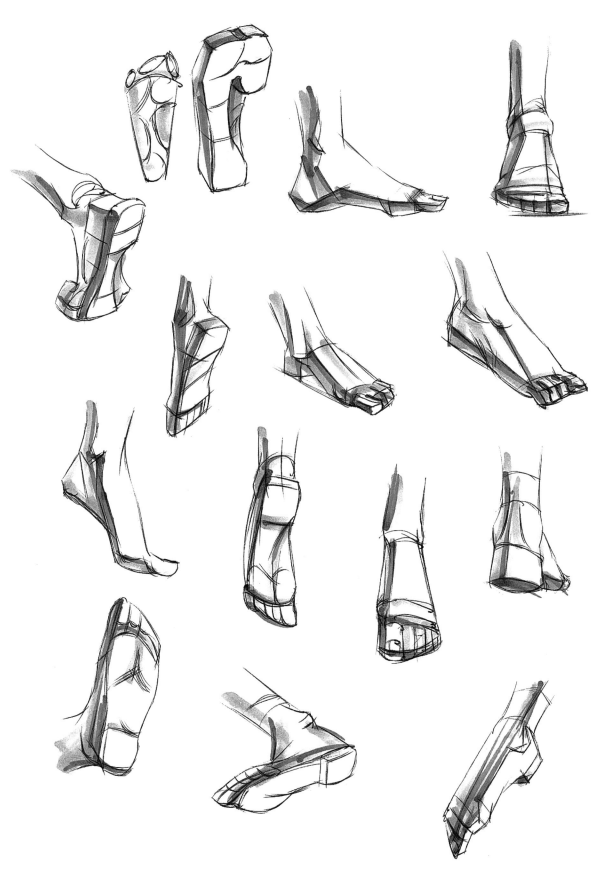

图 2-2-2 脚部几何结构（2）

第三节 脚部现实形态

脚部现实形态是指脚部真实外观形态。相对于手部形态的变化，脚部的动作变化和形态变化要容易分析和把握一些。脚部正常运动只限于跖趾部位和踝关节部位的纵向运动及其脚部形态上的变化，因而脚部无论是静止还是运动，其外观形态变化都不大，更容易把握一些。

单只脚的形态具有非对称性特征。对其进行研究和把握应侧重于形态起伏变化规律、特征，以及主要部位与整体间的比例关系。如跖趾部位在脚部总长中所占的比例，脚跗背高度与脚长比例关系等（图2-3-1）。

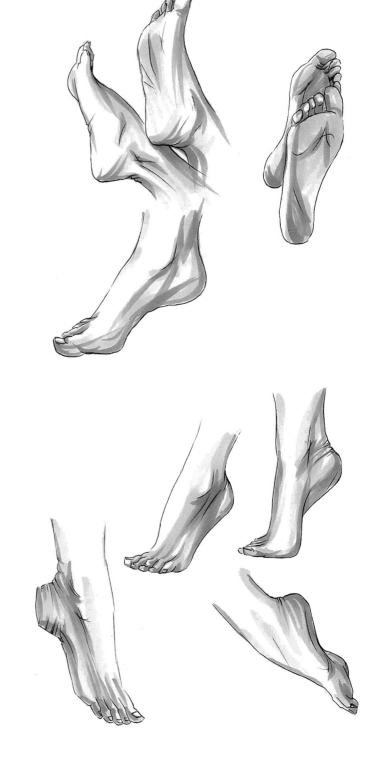

图 2-3-1 脚部现实形态

第四节　鞋楦分析与表现

鞋从属于脚且为脚服务。鞋楦作为鞋的母体，可以说是"脚的模特"；是设计鞋的基础，制作鞋的工作台；决定鞋的式样且依靠它做鞋款式的变化。

鞋楦是用来辅助鞋类成型的模具。鞋靴设计与制作必须以脚的结构、特征为依据来研究鞋靴的适脚性、舒适性、健康性及美观性。同时，鞋靴用来决定和稳定鞋子的形态。鞋从设计到部件制造再到成品生产的各个环节，都离不开鞋楦。鞋楦形体构成包括长、宽、高三度空间实体。从造型上看，鞋楦形体复杂似脚非脚，近似人脚形态是穿用功能的需要，抽象人脚形态是产品造型美的需求。

鞋楦尺寸与形状随着设计款式变化而变化，因此须掌握鞋楦的基本知识（图2-4-1～图2-4-4）。

鞋楦有很多分类方法，以鞋的穿着对象区分有：男鞋楦、女鞋楦、儿童鞋楦、婴儿鞋楦、老年鞋楦等；

以鞋的功能区分有：正装皮鞋楦、浅口皮鞋楦、低腰皮鞋楦、高腰皮鞋楦、靴鞋楦、休闲鞋楦、拖鞋楦、凉鞋楦、运动鞋楦等；

以鞋的鞋跟高度区分有：无跟鞋楦、平跟鞋楦、中跟鞋楦和高跟鞋楦等；

以鞋的鞋楦头型区分有：方头、圆头、方圆头、尖头、偏头等。

图2-4-1　不同款式鞋楦（1）

图 2-4-2　不同款式鞋楦（2）

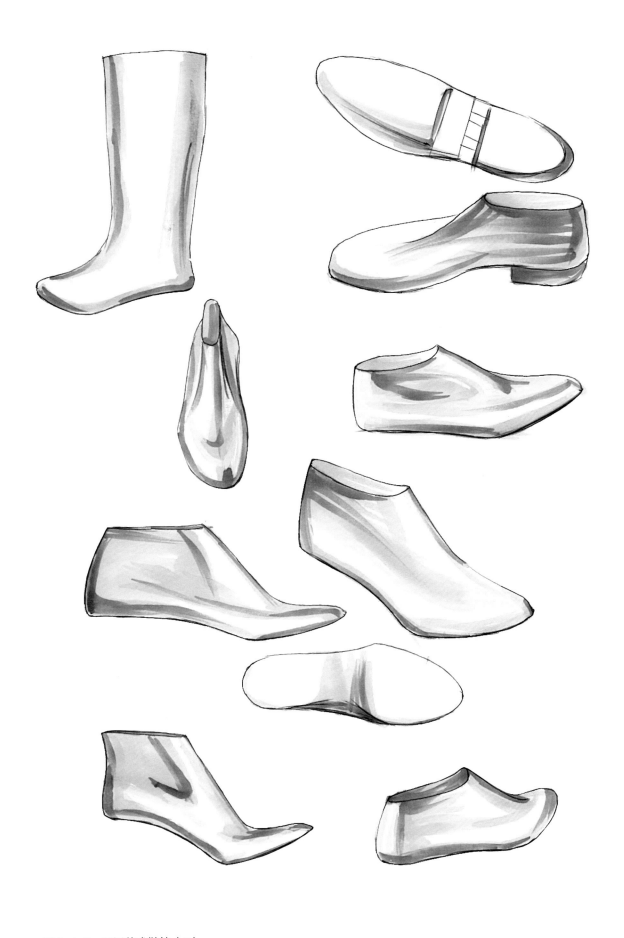

图 2-4-3 不同款式鞋楦（3）

图 2-4-4　不同款式鞋楦（4）

课后建
议练习

1. 对脚部骨骼与肌肉图进行临摹练习（各 2 张）；
2. 找出 10 款不同的鞋楦进行写生练习。

3 第三章　鞋靴造型元素分析及创作思维

学习目标：认识和理解鞋靴造型设计中的各造型元素的内容、设计变化原则及要求；初步掌握鞋靴各造型元素设计变化的方法。

学习要求：1. 了解各种鞋靴造型元素；

2. 深入了解鞋靴设计思维方式方法；

3. 分析鞋靴造型元素对鞋靴设计的影响。

学习重点：理解鞋靴造型元素对鞋靴设计的影响。

学习难点：掌握鞋靴设计思维方法并对鞋靴造型元素进行创造性变化设计。

第一节　鞋靴造型元素

鞋靴造型设计由形态、色彩、材质（肌理）、图案、工艺与配件六个造型元素组成，鞋靴造型设计是对这些造型元素的重新组织和创新运用。

一、鞋靴形态造型元素设计

形态在艺术设计产品中是指它的外观形体，是其整体造型构成的重要视觉组成元素。鞋靴形态包括立体形态、平面形态和结构式样形态。这三种设计内容不仅是其他造型元素的载体，同时也是设计产品视觉审美和个性塑造的重要途径。

1. 立体造型设计

鞋靴立体造型设计指的是鞋靴帮、底部件的一种三维立体空间设计，包括："线""面""块"三种立体形式以及这三种形式的相互组合形式（图3-1-1）。

图3-1-1　线面结合女鞋设计

图 3-1-2　直线型分割及对比设计女鞋

图 3-1-3　翻折造型变化设计

图 3-1-4　色彩对比设计

2. 平面分割造型设计

鞋靴平面分割造型设计是指对鞋靴帮面追求"线""面"，以及"线、面"结合美感而进行的一种平面分割造型（图 3-1-2）。

鞋靴的帮部件形态平面分割造型有：直线型分割和曲线型分割。其中直线型分割又分为斜直线、水平直线和垂直直线等分割；曲线型分割又分为规则曲线和自由曲线两种分割造型。直线型分割设计有挺拔、干练、率真的感觉；曲线型分割有优美、柔和、含蓄的感觉。

3. 结构式样造型设计

鞋靴的结构式样造型更能体现鞋靴的视觉冲击力。鞋靴结构式样是指在鞋靴帮部件间或帮部件与底部件间进行一种新的排列、组合后产生的造型式样，通常反映在鞋靴的缚脚造型变化、帮部件的增减造型变化和帮部件的重新组合或翻折造型变化（图 3-1-3）等。

鞋靴缚脚造型设计既具有实用性，又具有造型的变化性。其常见手法为：缚脚结构在鞋靴上的位置与数量的创新变化。

鞋靴帮部件增减造型设计是指在鞋上增加或减少部件。增加的部件既可以是固定住的，也可以是能拆装的。增加的帮部件一般都放在鞋靴的明显处，如鞋头部位、脚踝部位、后跟部位、鞋口部位等。减少部件既可以是去掉原有的部件，也可以是去掉部件的某一部分。

鞋靴帮部件重新组合设计是指通过将原有的部件进行重新组织和组合，以形成新的鞋靴结构式样造型。一般设计方法有两种：一是将帮部件的位置进行调换；二是对帮部件的连接方式、放置方式或缚脚方式进行改变。

二、鞋靴色彩造型元素设计

鞋靴色彩造型元素除在正装鞋设计中应用较少以外，在其他主要鞋类的设计中都发挥着重要作用（图 3-1-4）。

鞋靴色彩设计要点：

（1）围绕消费者色彩偏好、同类产品的

色彩流行趋势来进行鞋靴色彩设计。

（2）注意不同色彩的配置比例，包括时尚色比例、常规色比例、消费者偏爱色比例和变化色比例等。

（3）注意色彩与形状、位置、面积、肌理等多个因素的协调与统一。

三、鞋靴材质（肌理）造型元素设计

鞋靴材质（肌理）造型元素是鞋靴设计三大构成要素之一，也是款式流行和变化的重要内容，还是产品造型的重要审美内容，为鞋靴款式带来更多的创新变化。因此，鞋靴设计既要考虑材料的流行性又要考虑材料属性及功能性（工艺性能、卫生性能和使用中的理化性能等）。同时，设计师还要对各种材质肌理有敏锐的审美感受力和创造力，通过对不同肌理材质的组合搭配与加工再造来实现创新（图3-1-5）。

图 3-1-5　不同材质组合设计

四、鞋靴图案造型元素设计

在鞋靴造型设计中，图案应用分为抽象图案应用和具象图案应用两种。其中抽象图案应用最多、最广，如应用在休闲鞋、旅游鞋、运动鞋、时装鞋、前卫鞋等鞋类中；具象图案多应用于童鞋中，少量应用在女鞋中。

按不同标准划分，鞋靴图案造型分类如下。

构成素材：几何图案、传统纹样图案、动物图案和花卉图案等；

构成形式：独立图案和连续图案；

空间构成：平面图案和立体图案；

图案工艺手法：冲孔图案、编花图案、刺绣图案、印刷图案和镂空图案等。

鞋靴上的图案设计应遵循一定的原则来进行设计和运用。首先，图案应服从于鞋靴整体造型风格，包括图案素材的选择、图案工艺的选择、图案形式的选择和图案空间效果的选择等。其次，图案设计与运用应符合鞋靴材料性能、结构和加工工艺要求。

鞋靴图案的设计和运用主要体现在图案本身、位置、方向、数量、色彩与工艺等方面的创新（图3-1-6、图3-1-7）。

图 3-1-6　抽象图案设计

图 3-1-7　不同图案设计

五、鞋靴工艺造型元素设计

鞋靴工艺有加工工艺和装饰工艺两种。

1. 加工工艺

鞋靴作为一种工业产品，具有工艺审美内容。所谓工艺审美就是产品的精致性和精巧性。如缺乏工艺美感，就意味着产品粗糙、质量差、缺乏档次。鞋靴的工艺美感来自加工工艺的精确和巧妙。工艺美感是鞋靴产品整体不可缺少的内容，由工艺创造的这种美感是其他美的因素不可替代的。

2. 装饰工艺

鞋靴装饰工艺是为增加形式美感和价值感的一种工艺。鞋靴装饰工艺的应用原则有：一是不能对鞋材强度有破坏性影响；二是加强鞋靴造型风格设计；三是手法的运用要有创新性。

鞋靴装饰工艺一般都以鞋靴帮面为主。常见手法有：冲孔、编花、缉线、镂空（图3-1-8）、穿花（图3-1-9）、缝埂、压印、印刷（图3-1-10）、绗缝、钉缀、刺绣（图3-1-11）、拼缝、扭花、起皱、叠片等（详见第七章第八节）。

图 3-1-9　穿花

图 3-1-10　印刷

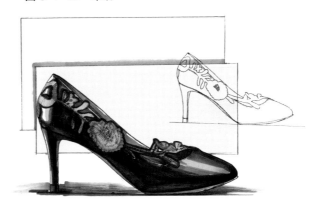

图 3-1-11　刺绣

六、鞋靴配件造型元素设计

鞋靴上的配件有装饰性配件与功能性配件两种，如鞋眼圈、铆钉、拉链、鞋带等（图3-1-12～图3-1-14）。

图 3-1-8　镂空

图 3-1-12　有装饰金属
配件设计的女鞋

图 3-1-13　有鞋带设计
的运动鞋

图 3-1-14　有装饰皮带
设计的靴子

第二节　鞋靴造型关系元素

在鞋靴造型设计中除造型元素外，还要注意造型关系元素。如形体大小、数量、位置、方向、组织、实现方式、空间等。

一、形体大小

形体大小指通过加大鞋靴某种造型元素或某个部位（件）的体量或面积，使鞋靴款式造型产生一种新颖感（图3-2-1）。

二、数量

数量指通过鞋靴某种造型元素或某个部件数量变化来使鞋靴在风格上产生质变（图3-2-2）。

三、位置

位置指通过改变鞋靴某个部件或造型元素的位置来突显某种造型效果。

四、方向

方向在鞋靴款式造型设计中主要表现为造型构成要素的方向。如翻折的帮部件、配件、图案、装饰工艺图形等。

五、组织

组织指通过某种创新手法对造型元素进行重新组合来达到创新设计目的（图3-2-3）。

六、实现方式

实现方式指通过某种工艺与手段实现某种艺术效果。如刺绣、缉假线、镂空、高频压花等。

七、空间

空间主要指鞋靴各造型形态与部件的立体造型变化。

图3-2-1　超大体量蝴蝶结装饰女鞋设计

图3-2-2　数量众多的圆形镂空设计

图3-2-3　花瓣造型与各种色彩材质组织设计

第三节　鞋靴造型设计构成法则

　　形式美的产生源自于人们长期的生产、生活实践，形式美构成法则是人们对事物形式美构成规律的总结。形式美构成法则的应用是为了提高设计作品形式美，创造出更具美感和个性的鞋靴产品。

　　鞋靴造型设计构成法则主要有对比法则（见图 3-1-2）、对称法则、均衡法则、呼应法则（图 3-3-1）、节奏法则（图 3-3-2）、协调法则、重复法则和夸张法则等。

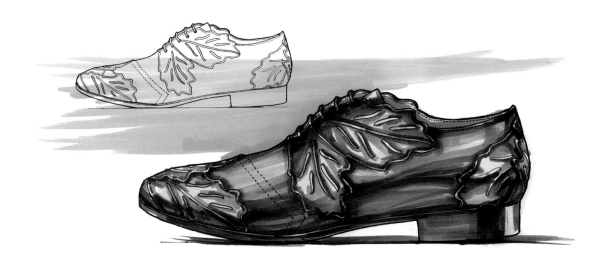

图 3-3-1　各部位树叶造型呼应设计

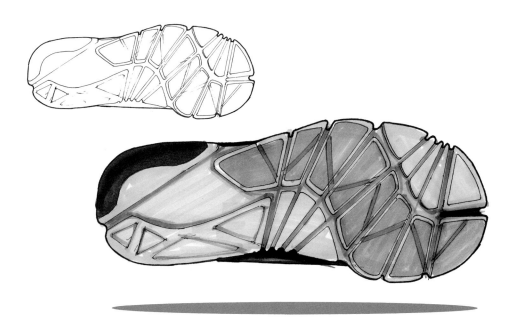

图 3-3-2　具有节奏感的鞋底设计

第四节　鞋靴设计的创作思维

鞋靴设计与其他产品设计思维方式基本相同。鞋靴设计是艺术创作与实用功能相结合的设计，因此要求设计构思是建立在生活体验与认识的基础上。设计构思通常先选取题材，然后确定主题，再收集色彩、款式、材质、工艺等相关流行资讯，最后确定表现手段。题材与主题的区别为：题材是一个总体概念，取材十分广泛；主题是一个具体概念，即设计的中心思想。

一、鞋靴设计灵感

设计灵感是指人们以宗教信仰、文化思想、物质生活等为依据，从中得到某种启示，把所提炼出来的"思想物质"作为设计的基本理念。灵感的来源是多方面的，如从大自然中获取（图3-4-1）、从姊妹艺术中获取、从各类资讯中获取等。不同类别的时尚资讯与发布会是各行业领军人物的精心之作，会带来许多新的流行元素，是设计师获取设计灵感的重要途径。通过对其他设计师作品的

分析，并结合自身品牌的市场定位，进行产品的设计与开发。

二、鞋靴设计的创作方法与流程

1. 设计主题的选择与确定

设计主题通常选取一些当下大家感兴趣的热点话题，这样容易使主题引起共鸣。

2. 素材的收集与整理

收集指将同一主题下色彩、款式、材质、工艺等相关素材进行归纳与整理，同时也是一个取优的过程。

3. 设计要素的确定与再处理

设计要素的确定与再处理是指在灵感来源中挖掘出最具有代表性的设计元素，并对其进行二次设计，包括造型、色彩、材料、功能性、工艺等，但要注意各要素之间的协调与统一。

4. 完成设计主题

最后将主题融入设计作品中，体现设计主题的中心思想，且根据需要，在同一主题下进行拓展设计。

图3-4-1　从辣椒造型中获取灵感的女鞋设计

三、鞋靴设计的创作案例（图 3-4-2~ 图 3-4-8）

图 3-4-2　主题版

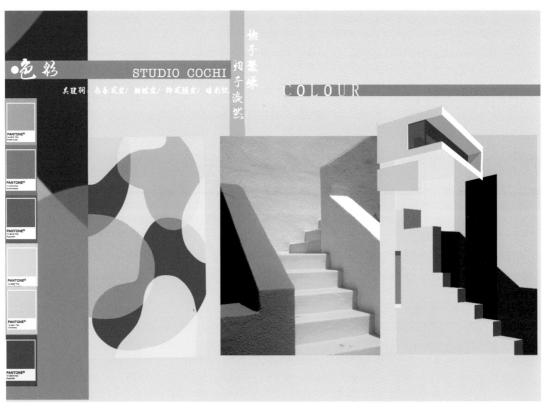

图 3-4-3　色彩版

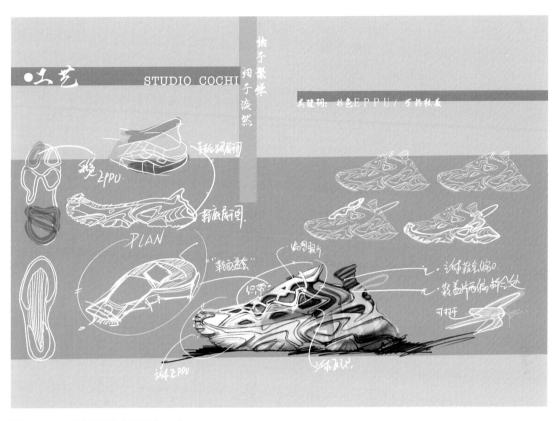

图 3-4-4 设计说明（系列之一）

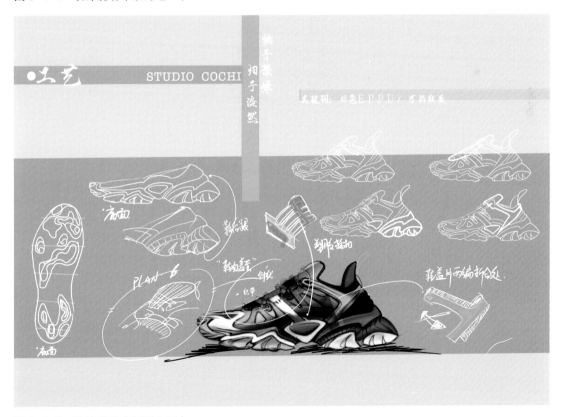

图 3-4-5 设计说明（系列之二）

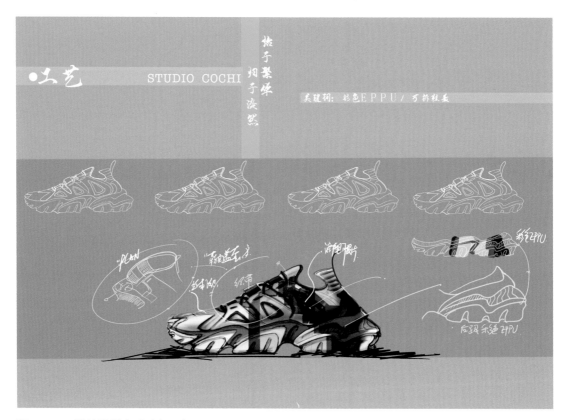

图 3-4-6　设计说明（系列之三）

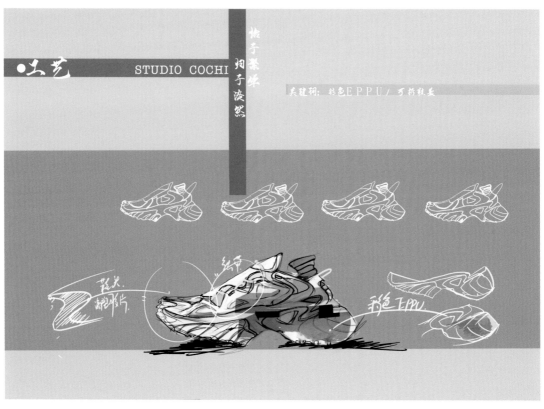

图 3-4-7　设计说明（系列之四）

STUDIO COCHI

授于慕娱
归于泠然

图 3-4-8　整体效果图表现

课后建议练习

1. 自拟一设计主题进行鞋靴创作思维训练；
2. 完成主题版、灵感版、色彩版、材料工艺版制作并完成效
　果图绘制。

4

第四章　鞋靴设计效果图基础表现技法

学习目标：　通过理论学习与实践训练，掌握鞋靴设计效果图线稿及明暗关系表现，为后期鞋靴设计中效果图着色表现奠定基础。

学习要求：　1. 收集各种风格、品类鞋靴的图片资料；

2. 了解光线与明暗的关系，同时掌握素描关系中五大调表现；

3. 准备线描稿绘制相关工具。

学习重点：　光线与明暗表现之间的关系。

学习难点：　素描关系中五大调在不同鞋靴款式及面料质感中的灵活运用及表现。

第一节　线条表现技法

线是点移动的轨迹。英国画家布莱克曾说："艺术品的好坏取决于线条。"线条是鞋靴设计基础表现的常用手段。鞋靴基础表现主要有两个方面：一是用单线对鞋靴形态的平面描绘；二是用明暗调子对鞋靴进行立体和质感的表现。

一、线条表现技法

线条是绘画中最简洁的一种表现手法。设计者通过线条对鞋靴造型上的把握，可以较快地表达自己的设计意图及记录各种鞋靴的款式造型。

鞋靴线条表现是建立在透视关系的基础上的，其表现特点为：方便、快捷、有效（图 4-1-1）。

线条表现的形式主要有匀线与粗细线两种：

图 4-1-1　鞋靴透视分析图

1. 匀线

匀线在描绘鞋靴中最为常见，通常使用钢笔、铅笔及针管笔绘制。匀线具有刚劲挺拔、结构清晰、均匀流畅等特点。绘画要点为手要稳，慢慢勾勒，绘制时既要追求流畅性又要追求准确性（图4-1-2）。

图4-1-2 鞋靴匀线表现

2. 粗细线

粗细线表现具有生动多变、活跃自然、刚柔结合等艺术特点。其绘制手法较随意，既可以体现明暗、褶纹变化，还可以表现不同的工艺特点。比如最粗线条表现轮廓，次粗线条表现可翻折位置，细线条表现缝合位置，虚线表现明线等（图4-1-3）。粗细线绘制工具通常选择书法钢笔、普通钢笔、针管笔与马克笔结合等。除此之外粗细线还可以表现鞋靴一定的光影效果及其特定的造型。通常细线条用来表现鞋靴受光部位，最宽的线条表现鞋靴底部、后跟部和投影部位，稍粗一点的线条表现鞋靴部件背光部，同时也是对部件材料厚度的一种表达。

二、鞋靴线条表现训练方法

鞋靴线条表现训练可以通过图片临摹与对象写生两种方法进行训练。训练前先要对不同鞋楦的不同角度进行线描训练，鞋靴练习的方式、方法同鞋楦一样，需掌握好每根线条的弧度与倾斜角度。在把握线条准确性上可以在用铅笔打好的鞋楦形态底稿上进行鞋靴款式描绘。对于线条流畅性，除需多练习外，还须注意运笔姿势、方式和角度。

线条表现训练要求：表现图中的用线要求整体、简洁、洒脱、高度概括和提炼。匀线要求线条挺拔刚劲、清晰流畅，通常用来表现那些轻薄、韧性强的材质；粗细线要求线条粗细兼备，生动多变，刚柔结合，活跃自然，可表现明暗变化及褶纹粗细变化。

图4-1-3　鞋靴粗细线表现

三、运动鞋线条表现步骤

1. 根据运动鞋外观造型，运用直线与弧线相结合的方法轻轻勾勒出脚背、鞋底下线以及脚后跟外线。同时注意鞋底起翘度及脚后跟的倾斜度。

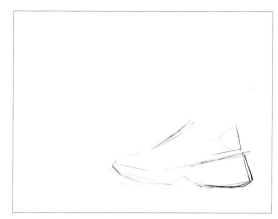

2. 区分大底与鞋帮，并确定大底造型。

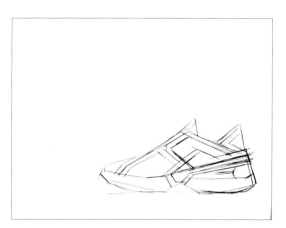

3. 根据款式特点大体绘制出鞋舌、大底、帮面、后跟上的设计分割及细节。绘制时要注意鞋靴形态的准确性。

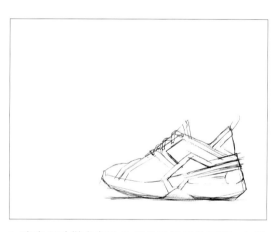

4. 确定运动鞋各部位比例关系及具体细节，如鞋带、鞋底气囊等。

5. 结合透视原理绘制出运动鞋的垂直俯视、后跟平视、3/4 俯视等其他角度。

6. 草图绘制完后，选用 0.3 毫米的针管笔对运动鞋造型进行确定。直线或曲线的选用可以根据自己的习惯进行把握。

7. 用针管笔绘制出运动鞋的其他角度。

8. 最后利用粗线条绘制外轮廓，并对主要线条进行再次强调，如大底、耳部等，直至完成画稿。

四、线稿表现案例（图 4-1-4、图 4-1-5）

图 4-1-4　运动鞋多角度线条表现

图 4-1-5　休闲鞋多角度线条表现

第二节　素描关系分析

　　鞋靴设计效果图单色表现是彩色表现的基础。首先要掌握素描五大调子，然后把明暗关系应用到鞋靴设计效果图中。影调的表现主要是为了突出鞋靴的立体感和生动性。为了更加快速地掌握单色影调表现，需要熟练掌握一个光源，并且要勤加练习。

　　明暗三大面是指：黑、白、灰。黑指物体背光部；白指物体受光部；灰指物体侧光部。

　　明暗五大调是指：高光（最亮点）、明部（高光以外的受光部）、明暗交界线、暗部（包括反光）、投影（图4-2-1）。

图4-2-1　素描明暗关系

第三节　鞋靴设计效果图单色表现

单色表现技法指设计人员运用丰富的黑、白、灰明暗调子层次，将鞋靴立体感与质感在画纸上表现出来。通过明暗调子表现技法练习，可从中体会和掌握鞋靴立体感和质感的表现规律及技巧，并为画好写实性鞋靴彩色效果图打下良好基础。

鞋靴单色表现先要了解款式中裁片与裁片之间上下、前后等关系，为了更好地表现这种关系，在绘制时要假定一个光源。假如设定一个左顶光源（图4-3-1），当左顶光照射在鞋靴款式上时，鞋靴款式左上部为亮部，右下部为暗部，同时鞋靴的右侧与下方都会产生投影。在单色绘制时，首先要留出亮部，然后绘制暗部及右下与右侧的投影。这样上、下层裁片自然就形成了明显的上、下关系。若有多层，每层都按此法进行绘制，每层都在右侧与下方绘制投影。款式当中的褶也可以用此法进行处理，这样可以直观表达，哪些是平面拼接工艺，哪些是上下、前后关系。

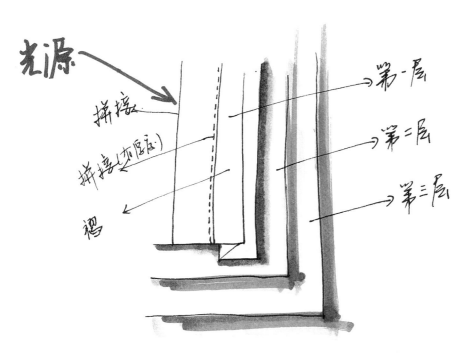

图4-3-1　裁片上下、前后关系表现

一、明暗调子表现技法步骤

1. 绘制鞋子线稿。绘制时要注意鞋靴形态的准确性，其中包括鞋靴造型具体特征、部件形状具体特征、各部位比例关系以及重要的结构线等。

2. 设计光线并分析鞋靴各部位的黑、白、灰明暗关系，找出哪里最暗、次暗，哪里最亮、次亮，以及主要灰调子区域相互间的差别，做到上调子前心中有数。分析完调子后，开始给鞋靴上调子。首先从大明暗开始画起，为使下笔更加准确，用笔从轮廓线向内绘制。同时用笔的方向与结构方向保持一致。

3. 在前一步绘制的基础上，开始进一步深入刻画明暗关系，拉大各部件的亮、灰、暗的关系，同时注意强调明暗交界线。

4. 进一步刻画。依次从大的结构向小的结构，大的部件向小的部件深入刻画。深入刻画的内容主要是用丰富的黑、白、灰调子把鞋靴具体结构及形态、各个部件、材料质感等真实表现出来。

5. 这个阶段，进一步强调细节，同时保持鞋靴整体正确的黑、白、灰关系。明暗调子素描接近完成时，也是表现好材料质感的关键过程和时期，如果把握不好，材料质感就出不来。任何材料质感都与它对光线的吸收和反射有关。光滑材料质地对光反射多，粗糙材料质地对光吸收多。

6. 完成与调整阶段。主要是统一关系，刻画细节及绘制地面投影部分。

二、明暗表现案例（图 4-3-2~ 图 4-3-4）

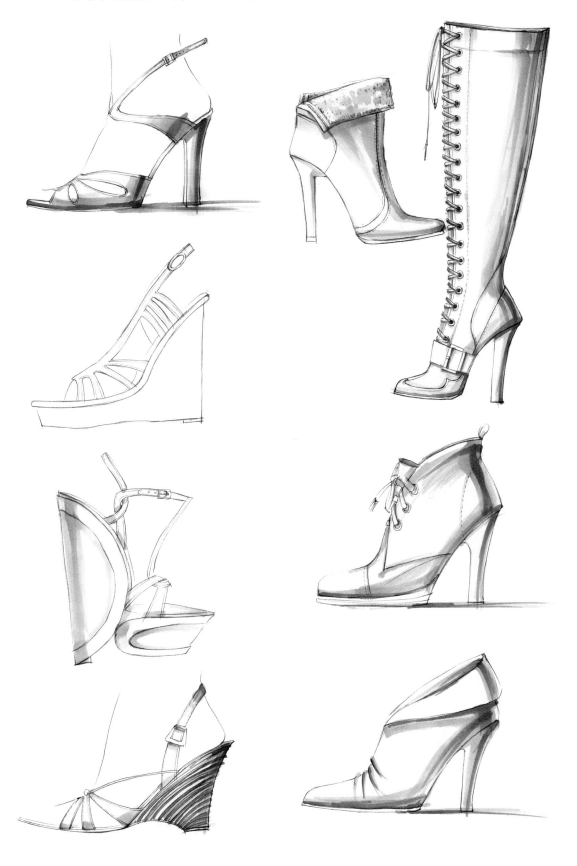

图 4-3-2　鞋靴明暗表现

图 4-3-3　运动鞋明暗表现（1）

图 4-3-4　运动鞋明暗表现（2）

课后建议练习

1. 收集 20 款鞋靴资料，选择 10 款进行线稿练习；
2. 在 10 款线稿中选择 5 款进行明暗训练，工具不限；
3. 对明暗及线稿的绘制方法及特点进行总结。

5 第五章 鞋靴设计效果图各种绘制材料表现

学习目标： 通过对不同绘画材料工具的练习，掌握各种绘画材料属性与特点并进行相关的鞋靴造型设计训练，加强对各种绘画材料使用方式的掌握。

学习要求： 1. 了解各种绘画材料表现特点；

2. 理解各种绘画材料绘制规律；

3. 掌握各种绘画材料绘制技巧与方法。

学习重点： 掌握并区分各种绘画材料的特点。

学习难点： 掌握各种绘画材料的属性并灵活运用到鞋靴设计效果图中。

第一节 彩铅表现技法

一、彩铅材料分析

彩铅是一种常见的着色工具，具有便于携带、易于掌握等特点。彩铅材料大致分为两种类型：非水溶性彩铅和水溶性彩铅。非水溶性彩铅最大的优点就是能够像使用普通铅笔一样自如；水溶性彩铅介于铅笔与水彩之间，可用水进行溶解渲染达到接近水彩的绘制效果。彩铅的色彩丰富且细腻，可以表现出较为轻盈、通透的质感。

二、彩铅技法分析

彩铅和普通铅笔有很多共同点，所以在作画方法上，可借鉴以铅笔为主要工具的素描作画方法，用线条来塑造形体。立笔刻画出来的线条会比较硬、细，适合小面积的涂色；斜笔绘制时笔尖与纸接触面积较大，线条松软且粗放，适合大面积的涂色。

由于彩铅有一定的笔触，用笔时要随形体走向方可表现其结构感，应注意笔触之间的排列和秩序，以体现笔触本身的美感，不可零乱无序。彩铅的着色原理是通过笔尖与纸产生磨擦从而在纸面上留下色彩粉末，所以彩铅不宜反复着色，也不要把形体画得太满，要敢于"留白"。用色不能杂乱，用最少的颜色画出丰富的画面，整体效果不可以太灰，要有明暗和虚实的对比关系。

彩铅大致着色技法有（图5-1-1）：

（1）渐变叠彩排线法：运用彩铅均匀排列出铅笔线条，色彩变化较丰富，硬朗感强烈。

（2）渐变涂抹法：运用彩铅渐变涂抹的笔触，可产生一种柔和的色彩效果。

（3）水溶退晕法：利用水溶性彩铅易溶于水的特点，将彩铅线条与水融合，达到退晕的效果。

（4）调子画法：调子画法指铅笔线条绘制紧凑，排列出一定的空间关系进行着色。

图 5-1-1　渐变叠彩排线法、渐变涂抹法、水溶退晕法（从左至右）

三、彩铅表现基本技巧与步骤

1. 根据鞋子款式特点确定鞋楦造型，根据鞋楦造型确定鞋子外观造型，然后轻轻地勾勒出鞋子的造型，注意鞋跟的高度及弓部的倾斜度。

2. 绘制出鞋子的大体明暗关系及固有色，注意这一步骤的调子不要一下画得很深，要留有余地。同时用笔要随形体走向方可表现其形体结构感。

3. 在第一遍着色的基础上运用渐变叠彩排线法绘制出鞋子的光源色、环境色及作者主观色彩等。同时要注意色彩的冷暖关系、对象与对象之间的空间关系等。

4. 从大的结构向小的结构、大的部件向小的部件进行深入刻画。内容主要是用丰富的色彩把鞋子具体结构及形态、各个部件、材料质感等真实表现出来。

2021. 8. 13

5. 完成与调整阶段。对鞋子材质进行最后的刻画与调整，漆革材质的高光比一般皮革材质的高光要亮得多；它们的反光效果也不同，漆革明显又多又亮，所以在画面未留白的部分可以考虑用水粉颜料或高光笔进行提亮。最后绘制地面投影部分。

2021. 8. 13

6. 最后完成效果。

第二节　水彩表现技法

一、水彩材料分析

水彩颜料有锡管膏状、瓶装液体、块状干颜料等保存形式，水彩颜料是由色粉加胶、柔软剂进行调制而成。色粉的性质决定色彩透明度的高低，色粉来自植物提取、化学材料的合成、对矿物质的提取等。植物和化学颜料中，透明性最好的色彩主要有柠檬黄、普蓝、翠绿、玫瑰红、青莲、桔黄、朱红色等。矿物颜料的土黄、群青、钴蓝、赭石、土红、粉绿色等透明度较差，但用水进行稀释可产生透明效果。水彩颜色有透明度高、涂层薄、易褪色等特点，在长时间阳光直射下，大多数颜色都会褪色。

二、水彩技法分析

水彩技法主要体现在水份控制、用笔技巧、留白技巧等方面。

1. 水份控制

水份的运用和掌握是水彩技法的要点之一。水份在画面上有渗化、流动、蒸发的特性，因此，画水彩要熟悉"水性"，充分发挥水的作用，是画好水彩的重要因素。掌握水份应注意时间、空气的干湿度和画纸的吸水程度等方面，水彩技巧水含量大致有以下几种情况。

（1）色多水少：笔中颜色多而水少，色彩感觉饱满有力，但易腻且透明，适合做画面最后的造型塑造。

（2）色少水多：笔中颜色少而水多，色彩感觉淡雅透明，但画面易形成苍白无力感，适合第一次铺色。

（3）色多水多：笔中颜色多且水也多，可通过对水份的控制从而获得一种自然含蓄的韵味，一般在绘制饱和色的第一遍色彩上使用。

（4）色少水少：笔中的颜色少且水也少，可通过绘画技法来表现部分特殊面料的质感，例如薄纱。

由于对水份控制的不同，所以产生了干画法与湿画法：

（1）干画法：干画法是一种多层画法。用层涂的方法在干的底色上进行着色，不求渗化效果。干画法可分层涂、罩色、接色、枯笔等具体方法。

① 层涂：即干的重叠，在着色干后进行涂色，一层层重叠颜色表现对象。

② 罩色：是一种干的重叠方法，待第一层颜色干透后，再在上面绘制第二层颜色，产生的效果既有第一层颜色透出部分也有后绘制的色彩，罩色通常用来统一画面。在着色的过程中和最后调整画面时，经常采用此法。

③ 接色：干的接色是在邻接的颜色干后从其旁进行涂色，色块之间不会相互渗化，每块颜色本身也可以湿画，增加变化。

④ 枯笔：笔头水少色多，运笔容易出现飞白，用水比较饱满，在粗纹纸上快画，也会产生飞白。

（2）湿画法：湿画法是趁纸面未干时进行着色绘制。湿画法可分为湿重叠和湿接色两种呈现形式。

① 湿重叠：将画纸浸湿或部分刷湿，未干时着色和着色未干时重叠颜色。此法重点在于对水份与时间的控制。

② 湿接色：邻近未干时接色，水色流渗，交界模糊，表现过渡柔和色彩的渐变多用此法。

2. 用笔技巧

（1）运笔角度：中锋适合画线，线条饱满、挺拔、圆滑；侧锋适合绘制块面，铺大调或塑造形体都可以。

（2）运笔方向：根据表现对象的具体要求而定，一般结合对象结构进行用笔，笔触变化可以增加画面上的节奏感。

（3）运笔力度与速度：水彩画的用笔力度重适合表现厚重的呢料，力度轻适合表现薄型面料。

3. 留白技巧

水彩技法最突出的特点就是"留白"。

水彩与水粉原料基本相同，不同在于所加胶质的不同，所以水彩的覆盖能力差，一些浅亮色、白色部分不能依靠淡色和白粉来提亮，需在画深一些的色彩时"留空"出来。

三、水彩表现基本技巧与步骤

1. 根据鞋子款式特点确定鞋子外观造型，然后轻轻的勾勒出铅笔稿，注意不要划破纸面。然后开始铺第一遍固有色，且水要多，向鞋内铺色。

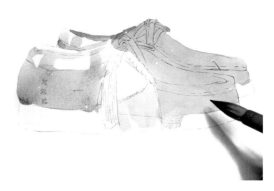

2. 趁画面湿润将固有色一次性铺完，注意色彩之间与笔触之间的衔接关系，同时要将其他颜色的绘制区域留出来，如鞋帮处装饰及鞋底等。

3. 根据光源方向绘制出鞋子在地面产生的投影。同时注意鞋底造型。

4. 选择土黄色绘制鞋底的固有颜色。注意在绘制时，鞋面颜色要彻底干透，这样两块颜色就不会互相渗透。

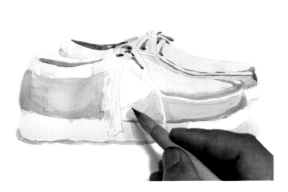

5. 根据光源方向来铺设第二遍颜色。此阶段也是空间与光线塑造的阶段。绘制出鞋面装饰物在帮面上产生的投影以及缝埂处所造成的投影关系等。

6. 进一步刻画鞋子细节。如鞋带、鞋面装饰物等。在刻画的过程中注意笔头的水份控制，在这个阶段应该为水少色多，便于形状塑造。

7. 刻画鞋子及鞋各部件投影。如面料层之间的前后关系等。

8. 刻画鞋带以及帮面装饰物，在注意色彩衔接的同时还要注意笔头水份控制，越往后笔头水份应越少。

9. 为使鞋面与侧帮处形成转折，在侧帮的位置罩染一层枣红色，同时强调鞋侧帮的明暗交界线，突出其立体空间感。对鞋底及其他部位进行再一次的造型确定与塑造。

10. 整体统一与细节调整。刻画侧帮后侧的穿花装饰，并选用黄色来绘制背景。

11. 最后完成效果。

第三节　水粉表现技法

一、水粉材料分析

水粉颜料同样由色粉加胶、柔软剂进行调制而成。水彩与水粉的区别在于胶质的不同。水粉的性质和技法，与油画和水彩画有着紧密的联系，是介于油画和水彩之间的一种画种。

二、水粉技法分析

水粉颜料与较多的水份进行调配时，会产生不同程度的水彩效果，但在水色的活动性与透明性方面没有水彩的效果好。在表现明亮效果的方面水粉与水彩的方式不同，因为水粉颜料具有遮盖力，故在绘制时一般不使用多加水的调色方法，而使用白粉色调节色彩的明度，以厚画的方式来显示其独特的色彩呈现效果。

以下为水粉表现具体技法：

1. 调色

调配颜色要考虑整体的色调和色彩关系，从整体中去决定每一块的颜色。水粉画的色彩不易衔接，应该在明确色彩大关系的基础上，把几个大色块的颜色加以试调，准备好再画。水粉画颜色干湿变化明显，湿时深，干后浅。

2. 水的使用

水的使用在水粉画中不及水彩画中那样重要。一般来说，适当用水可以使画面具有流畅、滋润、浑厚的效果；过多的用水则会减少色度，引起水渍、污点和水色淤积；而用水不足又会使颜色干枯难于用笔，通常用水以能流畅的用笔，盖住底色为宜。

3. 用笔

鞋靴设计效果图中常见的笔法有：平涂法，笔迹隐蔽且画面色层平整；笔触法，笔迹显露但色层厚薄变化不显著。

4. 衔接

水粉的衔接主要可以分为湿接、干接和压接三种方法。

（1）湿接，指邻接的色块趁前一块色尚未干时接着上第二、第三块颜色，让其渗化，自然化接。

（2）干接，指邻接的色块在前一块颜色已经干了的时候，再接上第二、第三块颜色。

（3）压接，指前一块色画得稍大于应有的形，要防止缺乏整体处理意图的凌乱用笔，接上去时，是压放在前一块色上，压出前一块色应有的形。

三、水粉表现基本技巧与步骤

1. 根据鞋子的造型特点，选用铅笔轻轻勾勒出鞋子的造型。要注意鞋跟高度、鞋底的起翘度以及弓部的倾斜度。

2. 水粉具有一定的覆盖力，着色后铅笔稿会完全被覆盖。所以用针管笔勾勒出轮廓线，在后期着色时，黑线会隐隐透出，便于找准轮廓线。

3. 调和色彩，铺设第一遍颜色。在调色时注意干湿要适中，过湿易产生水渍，过干无法用笔。同时要注意用笔的衔接度与边线的准确度。调色时要一次性调够。

4. 待第一遍色干透后，在此基础上结合光线设计出鞋子的暗部造型，并绘制鞋子的暗部色彩。

5. 在暗部颜色的基础上绘制暗部颜色的第二个色彩层次。

6. 等颜色干透以后结合面料材质特点选择白色勾勒高光。

7. 为了突出鞋子主体颜色及造型，选用灰色绘制背景。

8. 为使画面层次感更加丰富，再一次压深暗部色彩。

9. 最后完成效果。

第四节　马克笔表现技法

一、马克笔材料分析

马克笔，又名记号笔，是一种书写或绘画专用的彩色笔。本身含有墨水，且通常附有笔盖，一般有硬、软两种笔头。马克笔的颜料具有易挥发性，用于一次性的快速绘图，常使用于设计物品、广告标语、海报绘制或其他美术创作等。

按笔头分可以分为：硬笔头与软笔头。

（1）硬笔头：笔触硬朗、犀利，色彩均匀，适合塑造。

（2）软笔头：笔触柔和，粗细随力度产生变化，色彩饱满。

按墨水分可以分为：油性马克笔、酒精性马克笔、水性马克笔。

（1）油性马克笔：快干、耐水，而且耐光性相当好，颜色多次叠加不会损伤纸面。

（2）酒精性马克笔：可在任何光滑表面书写，速干、防水且具有挥发性。主要的成分是染料、变性酒精、树脂、墨水。

（3）水性马克笔：颜色亮丽有透明感，但多次叠加颜色后会变灰，而且容易损伤纸面。用沾水的笔在上面涂抹的话，效果跟水彩很类似。

二、马克笔技法分析

1. 马克笔的基本笔触

马克笔一般用来勾勒轮廓线和铺排上色。笔头方形端，使用时有方向性，一般用于铺画大面积色彩；笔头圆形端，使用时无方向性，一般用于勾线、小面积绘制及刻画。

2. 马克笔绘制笔法（图5-4-1）

马克笔主要绘制笔法有平铺、叠加和留白。

（1）平铺：注意粗、中、细线条的搭配和运用，避免呈现效果较为死板。

（2）叠加：一般是同种色彩加重，在前一遍颜色干透后进行绘制，避免叠加时色彩不均匀和纸面起毛。

（3）留白：反衬物体的高光亮面，反映光影变化，增加画面整体的活泼感。

图 5-4-1　马克笔绘制笔法

三、马克笔表现基本技巧与步骤

1. 结合靴子款式特点及材料质感选用针管笔绘制出靴子造型。

2. 选用 PG 紫灰色系的马克笔绘制靴子固有色及里布色彩。绘制时注意层次关系，根据光源方向把亮部留出来，用笔的走向与靴子结构褶皱方向需一致，大面积绘制时选用方头马克笔。

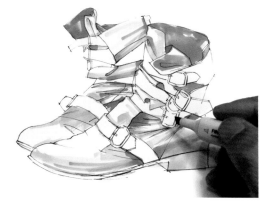

3. 选用 YR 黄灰色系与 E 褐色系的马克笔绘制靴子装饰皮带色彩，注意在使用马克笔时要先浅后深，画之前要在其他纸上进行试色，保证每笔色彩的准确性。

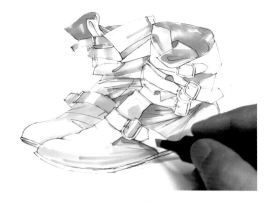

4. 选用 YR155 色马克笔绘制装饰皮带的第一遍色彩，同样要留出高光位置。选用 E420 色马克笔绘制装饰皮带的暗部色彩。

5. 在此基础上刻画对象，刻画时大面积仍用方头马克笔绘制，小面积选用尖头马克笔绘制。

6. 对装饰皮带与靴子帮面进行刻画，在帮面上加深皮带留下的投影，拉开帮面与皮带之间的关系。

7. 选用高光笔进行提亮，刻画靴子的金属配件，并对靴子各层次进行空间塑造。

8. 进行整体调整，绘制背景以及投影。

9. 最后完成效果。

课后建议练习

1. 运用彩铅、水彩、水粉、马克笔等材料各临摹 2 张效果图；

2. 选用一种材料绘制 10 款不同的鞋靴设计效果图（尺寸不小于 16 开）。

6

第六章　鞋靴局部造型设计与表现

学习目标：　通过认识和理解鞋靴各局部造型特点，掌握鞋靴头式造型
　　　　　　设计变化、底跟造型设计变化、耳部件造型设计变化的表
　　　　　　现方法，并形成一定的设计变化能力。

学习要求：　1. 通过讲解认识和理解鞋靴局部造型设计的意义和作用；
　　　　　　2. 通过讲解深入了解鞋靴局部造型设计的要点；
　　　　　　3. 收集相关的资料进行分析，便于理解相关理论知识。

学习重点：　鞋靴局部造型设计的要点。

学习难点：　根据鞋靴各个局部造型设计应遵循的原则及要求，把鞋靴头
　　　　　　式造型设计变化、底跟造型设计变化、耳部件造型设计变化
　　　　　　的方法，灵活运用到鞋靴设计实践中。

鞋靴造型设计由局部的造型设计组合而成。一款成功的设计离不
开精彩的局部设计和处理。鞋靴局部造型设计是在鞋靴头、结构式
样、帮部件、底与跟、配件等处，在造型、色彩、材质、工艺、图案
方面的设计变化。鞋靴局部造型设计要遵循以下几个设计原则：

（1）鞋靴局部造型设计必须以满足穿着实用为前提进行设计；

（2）鞋靴局部造型设计要适用于加工生产；

（3）鞋靴局部造型设计要体现创新性；

（4）鞋靴局部造型设计要注意与时尚性相结合；

（5）鞋靴局部造型设计要与其他局部在造型上协调和统一。

第一节　鞋靴头式造型

传统鞋靴造型设计主要是楦型设计，其重点在鞋楦的头式造型设计变化上。同时鞋靴头在整个造型设计中视觉吸引力最明显，特别是准正装鞋、时装鞋和某些休闲鞋等鞋类设计。

鞋靴头式造型设计指鞋楦跖趾前部位的设计，在进行鞋靴头设计时，要考虑楦型与脚型之间的关系，注意穿着者脚型规律、功能、用途、需求来进行松紧、长短不同程度的调整。

常见的鞋靴头式有：薄方头式、厚方头式、小方头式、大方头式、斜方头式、薄圆头式、厚圆头式、小圆头式、大圆头式、圆铲头式、小方铲头式、小圆铲头式、斜方铲头式、斜圆铲头式和尖头式等。各种不同头式变化都是在方头式、圆头式、斜头式、尖头式四种基本形状上进行变化与延伸设计（图6-1-1），不同的头式有着不同的设计风格感。

鞋头设计方法需充分考虑脚型规律、运动机能、工艺加工、流行时尚和特定消费者审美喜好，从二维变化到三维变化，塑造鞋靴头部三维造型，可分为直线型变化与弧线型变化（图6-1-2~图6-1-5）。

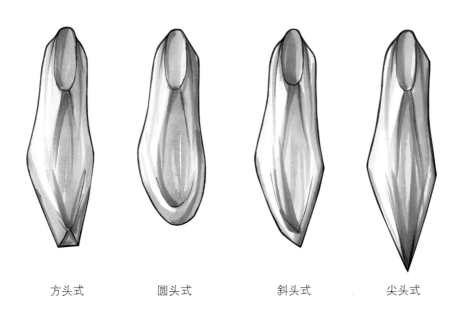

方头式　　　　圆头式　　　　斜头式　　　　尖头式

图 6-1-1　不同头式造型鞋楦

图 6-1-2　鞋楦头式直线型变化

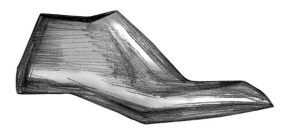

图 6-1-3　鞋楦头式弧线型变化

图 6-1-4　鞋头造型变化的男鞋设计

图 6-1-5　鞋头造型变化的女鞋设计

第二节　鞋底、鞋跟造型

鞋靴底分为整底和带跟底两种。大底是鞋靴不可缺少的组成部分，同时也是设计表现的重点（图6-2-1）。

不同品类鞋靴对鞋底、鞋跟造型要求不同，如正装鞋类的鞋底与鞋跟造型设计变化较少，时装鞋、凉鞋、晚礼鞋、拖鞋、运动鞋、旅游鞋、休闲鞋、前卫鞋等设计变化较多。鞋底、鞋跟造型设计可以从造型、色彩、材质、图案上进行设计。

在女鞋、运动鞋和旅游鞋表现中，许多设计都是由楔形底、松糕底、路易斯式跟、锥形（匕首）跟等变化而来（图6-2-2）。在设计表现时要注意鞋跟高度与鞋弓之间的变化关系（图6-2-3~图6-2-7）。

松糕底

楔形底

锥形（匕首）跟

路易斯式跟

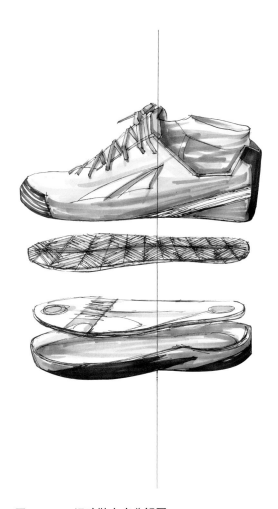

图6-2-1　运动鞋大底分解图

图6-2-2　不同造型鞋底、鞋跟

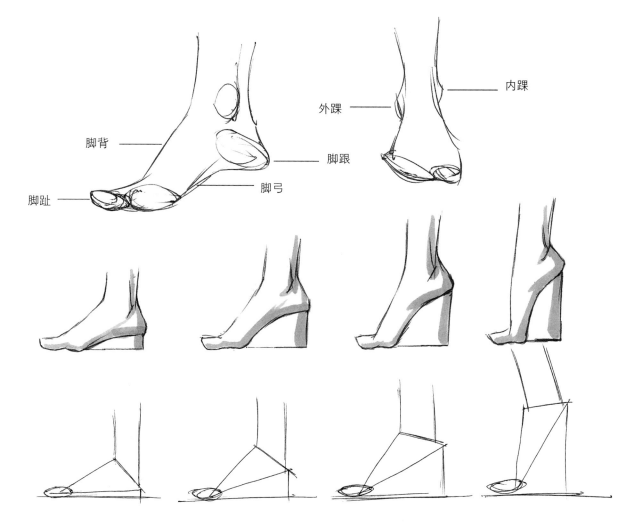

脚背

脚趾

脚跟

脚弓

内踝

外踝

侧面鞋跟变化

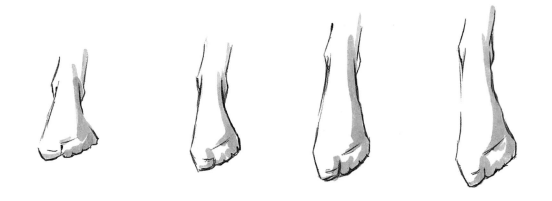

正面鞋跟变化

图 6-2-3 跟部高度变化

图 6-2-4　不同款式鞋鞋底与鞋跟创新设计

2022.1.16

图 6-2-5　鞋底色彩创新设计

图 6-2-6　女凉鞋底造型创新设计

图 6-2-7　女休闲鞋底造型与材质创新设计

第三节　鞋靴耳部件造型

图 6-3-1　耳部件的形状设计

图 6-3-2　耳部件的立体造型设计

耳式鞋分为外耳式和内耳式。鞋靴的耳部件设计重点是外耳式设计。耳部件常常成为整个造型设计和视觉美感注意力的焦点，尤其是在男休闲鞋和男准正装鞋中表现较为突出。在进行鞋靴耳部件造型设计时应考虑耳部件与整体造型风格的协调性与穿着者的审美喜好。

鞋靴耳部件造型设计可以从形态、装饰、材质、色彩等方面进行展开：

一、耳部件形态设计

耳部件形态设计分为平面造型设计和立体构成造型设计两种。耳部件平面造型设计以圆弧形、三角形、不规则形状等进行设计（图 6-3-1、图 6-3-2）。

二、耳部件装饰设计

耳部件装饰设计通常是指在耳部件上施以冲孔、串花、刺绣等（图 6-3-3、图 6-3-4）。

图 6-3-3　耳部件的装饰工艺设计（1）

图 6-3-4　耳部件的
装饰工艺设计（2）

三、耳部件材质设计

耳部件材质设计是指在耳部件上进行材质
及肌理的设计。

四、耳部件色彩设计（图 6-3-5、图
6-3-6 ）。

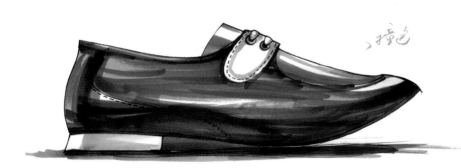

图 6-3-5　耳部件
的色彩设计（1）

图 6-3-6　耳部件
的色彩设计（2）

第四节　鞋靴其他部件

一、鞋靴配件设计与表现

鞋靴配件具有多样性，常见的有横条、标志、珠子、金属件、盘花、纽扣、羽毛、树叶、小木片、动物骨骼等。

配件设计要求与方法：

（1）配件的造型、质地和色彩要符合鞋靴款式造型总体风格。

（2）配件设计在造型、色彩、材质、数量、角度、位置等方面要具有创新性。

（3）配件材质要与鞋靴鞋面材料及其价值相匹配。

二、蝴蝶结造型设计

蝴蝶结是女性服饰品重要的装饰元素之一，在女鞋设计上也同样如此。尤其在女浅口鞋上运用较为常见。蝴蝶结设计不仅可以成为女鞋造型的审美中心及设计亮点，同时也可以体现出甜美、优雅、可爱的风格。

蝴蝶结造型设计是在符合女鞋风格类型、风格程度、成本控制等要求的情况下进行有关形态、色彩、材质肌理、图案、装饰工艺等造型元素方面的设计（图6-4-1~图6-4-3）。

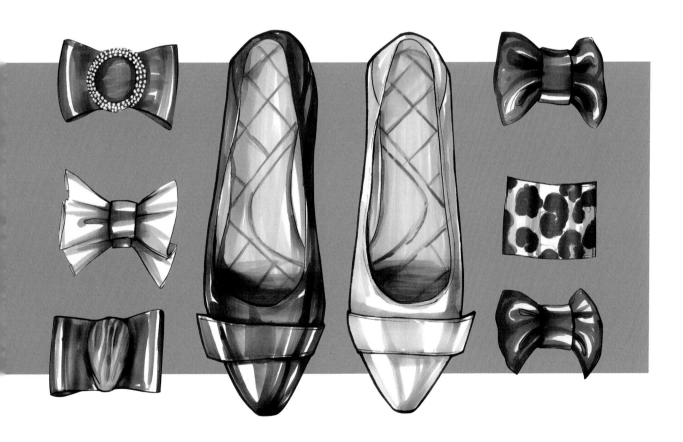

图6-4-1　蝴蝶结不同造型、不同色彩、不同工艺、不同材质设计

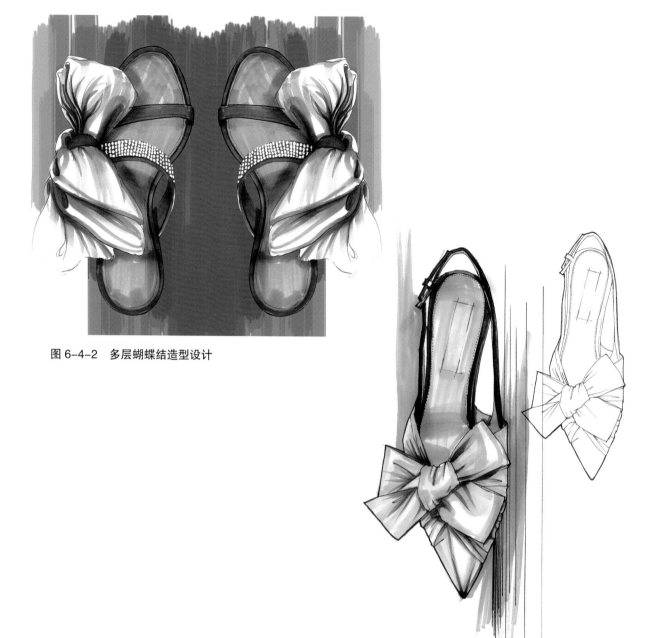

图 6-4-2　多层蝴蝶结造型设计

图 6-4-3　女式凉鞋蝴蝶结造型设计

课后建议练习

1. 收集 10 款鞋靴资料图片并分析其局部造型特点及风格；
2. 选用 2 种局部造型元素设计 5 款鞋靴并绘制效果图（尺寸不小
　 于 16 开）。

7 第七章　鞋靴各种材质设计与表现

学习目标：　通过学习了解鞋靴各种材质的不同视觉及肌理特征，同时通过鞋靴造型及材质练习来感受鞋靴材质的应用美学，让理论知识和练习互相促进，既培养学生的设计表现能力又提高了鞋靴材质设计的基本技能。

学习要求：　1. 了解各种鞋靴材质质感；

　　　　　　2. 理解各种鞋靴材质绘制规律；

　　　　　　3. 掌握各种鞋靴材质的绘制技巧与方法。

学习重点：　掌握各种鞋靴的面料质感表现手法。

学习难点：　灵活运用不同材料进行鞋靴设计并准确地表现出其面料质感。

　　　人们在长期的生活实践中逐渐积累出对各种材料（材质肌理）的不同心理感受，这种心理感受潜移默化地影响着消费者对产品的购买意向，进而影响产品在市场上的表现。因此鞋靴款式造型设计要充分利用不同材料的特殊质感，根据特定的消费者、鞋类品种或特定功能需要，尽可能发挥材料特有的材质美感和功能。如鳄鱼皮或鸵鸟皮多使用在高档男士正装鞋上；金属效应革、漆皮革或珠光革多用在前卫鞋或时装鞋设计上。

第一节　漆面革

图 7-1-1　漆面革男鞋

图 7-1-2　漆面革女靴

漆面革是鞋靴设计中最常见的一种材质，其外观形式特点与它的质地特点有紧密关系。漆面革由于在皮革的表层涂有一层光亮的涂饰层，其表面光滑明亮，给人华贵、前卫、干练、现代的感觉。因此，在表现时漆面革的高光和反光都较其他皮革亮，而且高光和反光的调子过渡比较突然，区域分布多、面积大。基于漆革的这些受光特点，绘制时常通过强调高光来表现其特有的光亮如镜的材料质感。正面革通过上光涂饰层处理后同样具有类似效果，不同的是正面革在光线照射下，具有较弱过渡调子的高光和一定亮度的反光，肌理质地偏均匀细腻。漆面革在表现方法上用水粉提亮法与水彩留白法最为常见（图 7-1-1~ 图 7-1-3）。

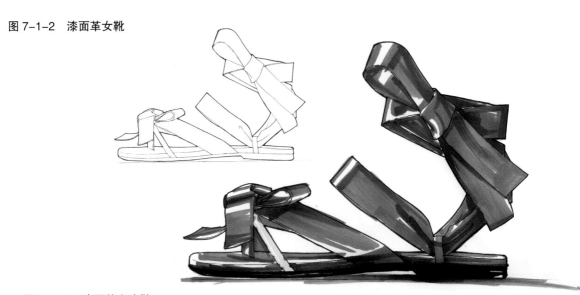

图 7-1-3　漆面革女凉鞋

第二节　绒面革和磨砂革

皮革是中高档皮鞋的主要用材，呈现天然纹理（肌理）的正面革令人感觉率真、自然，无光泽的绒面革、磨砂革令人感觉沉稳、朴实。

绒面革和磨砂革在工艺处理上不尽相同，但在外观视觉效果上接近。绒面革和磨砂革在特定工艺处理下，表面的肌理组织都有绒毛或都没有光亮涂饰层。这样，皮革在受光时就没有高光，反光也基本没有，调子过渡比较缓慢。这些构成了这类皮革的受光特点，表现方法以彩铅与综合材料表现居多（图 7-2-1）。

图 7-2-1　磨砂革男靴

第三节　透明材质

鞋靴透明面料主要有透明塑料和带有网眼的无纺化纤材料两种，给人以单纯、性感、轻灵的感觉。透明材质的鞋子呈现方法较为简单，其表现方法主要是根据透视关系将透明材质部分所透出的内容表现出来（图7-3-1、图7-3-2）。

图 7-3-1　透明材质女凉鞋（1）

图 7-3-2　透明材质女凉鞋（2）

第四节　织物材质

棉织物和麻织物在鞋靴面料中比较常见，多用于传统布鞋和轻便休闲鞋。棉麻给人的心理感受与无光泽的磨砂革、绒面革相近，令人感觉朴素、温和。由于肌理关系，这类面料没有高光，但有一定的反光。想表现出棉、麻织物的质感，除注意它的受光特点以外，在画的时候还要将棉麻织物的肌理给予一定的表现。部分织物可以选择真实材料放置于画纸下选用彩色铅笔拓印出肌理质感，针织面料可以选用水彩与马克笔勾勒出面料质感，蕾丝采用花纹提亮或镂空部分压暗来表现，这样棉麻织物的质感表现得就比较充分了（图7-4-1~图7-4-4）。

图 7-4-1　织物材质运动鞋

图 7-4-2　织物材质休闲鞋

图 7-4-3　针织材质女靴

图 7-4-4　蕾丝面料装饰女靴

第五节　油鞣革

　　油鞣革在休闲鞋设计中也是较常见的一种材质，是一种视觉效果比较特殊的皮革，它多用来做风格较为粗犷的休闲鞋。油鞣革的特殊处理工艺使这种皮革表现出一种油脂感，受光时调子变化微妙。在正常光线下，一般能呈现出一定的高光，但不是很亮，由浅调子过渡到高光比较缓慢，反光也比较弱。这种材料通常选用水彩进行表现（图7-5-1）。

图 7-5-1　油鞣革男靴

第六节　裘皮

　　裘皮是人类最早使用的服饰材料，具有稀有性和保温性的特点，给人以奢华、高贵、温暖的感觉（图7-6-1）。其特点为蓬松、绒密、手感光滑、柔软。裘皮因种类的不同会有细微的差别，在绘制时可以根据具体特征进行调整。绘制裘皮类鞋靴设计效果图的关键是要描绘出毛的质感，可在暗部与亮部之间着重刻画毛的质感，也可在暗部用亮色描绘出毛的绒感，或者在亮部用深色来体现毛的质感。同时要注意毛质的倒向，在同一倒向下要有部分的反向变化。工具除了用大小毛笔以外，还可用化妆笔来撇丝（图7-6-2）。

图 7-6-1　裘皮材质女鞋（1）

图 7-6-2　裘皮材质女鞋（2）

第七节 金属及水晶（玻璃）饰件

金属质地的材料可以给人多种心理感受。鞋靴上较小体积的暗银色金属能给人以干练、精明的感觉；形状怪异的银色金属饰件、大面积的使用银色金属或银色金属感的材料能使人产生现代、前卫的感觉；而金色金属材料给人以辉煌、高贵和富有的感觉。

鞋靴金属饰件从外观效果上看，主要有高光型和哑光型。高光型金属饰件的受光特点是高光很亮，高光比较多且较大，反光也较高，在具体表现上调子过渡由亮到灰再到较为突然地转暗。抓住这些特点，高光型金属饰件自然呈现出它特有的质感（图7-7-1）。哑光型金属饰件与高光型金属饰件相比，它的受光特点是高光即使有，也比较暗，反光同样，在调子过渡上比较缓慢和含蓄。

图 7-7-1 金属饰件男靴

2021.1.20

2021.1.20

图 7-7-2 仿宝石饰件拖鞋

Huang Wei 2021.8.3

图 7-7-3　仿钻及金属饰件凉鞋

　　水晶（玻璃）饰件晶莹剔透，给人以纯洁、可爱的感觉，多以装饰配件的形式用于女鞋，尤其是女童鞋上面。钻石也属于这一类，给人以高贵、奢华的感觉，但由于钻石稀有、珍贵，鞋靴上的钻石饰件多以仿制品代替。这类饰件表现手法较为复杂，因光源在进行照射后会产生反射与多次折射，所以在表现时只要呈现出高光感与多面感就可以（图 7-7-2、图 7-7-3）。

第八节　鞋靴材质再造肌理

肌理再造是创新设计的一种常见手法，是设计师想象力、感受力和创造力的重要体现。肌理再造是对皮革或其他材料表面进行各种装饰工艺处理的一种手段。

一、打磨

打磨是指用金属锉或磨石对皮革或其他材料表面反复摩擦，让其呈现出一种特有肌理，这种肌理多用于男休闲鞋造型设计变化中（图7-8-1）。

二、起皱

起皱肌理是通过抽皱或捏皱的工艺手法使柔软的皮革或其他材料形成条纹状的凸起。起皱肌理效果立体感较强，用在鞋靴上可以产生优雅和浪漫的感觉（图7-8-2）。

图7-8-1　打磨肌理男靴

图7-8-2　起皱肌理女休闲拖鞋

图 7-8-3 编花工艺男鞋

三、编花

编花肌理是通过对条带状皮革材料或其他柔软条带状材料的相互编织而形成的一种肌理。这种肌理用在鞋靴设计上，可以产生典雅和华丽的感觉，同时编花肌理具也有良好的透气性（图 7-8-3）。

四、缝埂

缝埂肌理是通过将皮革对缝起埂或皮革下埋绳的方法并在一定面积里达到一定密度所形成的一种肌理。缝埂有较强的立体感，弯曲、细长的缝埂肌理可以塑造鞋靴优雅、浪漫、飘逸的风格，笔直、较粗的缝埂肌理适用于塑造男正装鞋或男休闲鞋，具有个性的风格。

五、镂空

镂空肌理是对帮面上层皮革或其他帮面材料按照规定形状进行挖空，并在一定面积里进行一定密度的挖空所形成的一种肌理（图 7-8-4）。

六、冲孔

冲孔肌理是对帮面上层皮革或其他帮面材料按照规定形状和单位图形组织进行冲孔，并在一定面积里达到一定密度所形成的一种肌理。冲孔肌理与镂空肌理的不同之处在于，镂空形成的空洞比冲孔形成的空洞要大得多。冲孔肌理的创新主要是通过对冲孔的单元孔形、冲孔形状组织和冲孔再装饰工艺处理三个方面的不断创新来获得的（图 7-8-5）。

图 7-8-4 镂空工艺女鞋

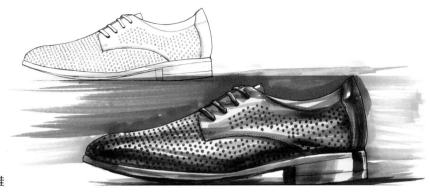

图 7-8-5　冲孔工艺男鞋

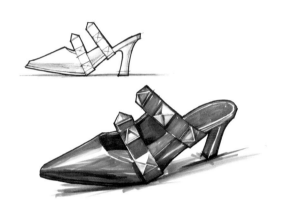

图 7-8-6　钉缀工艺女鞋

七、挑花

挑花肌理是通过挑起皮革表层并在一定面积里达到一定密度所形成的一种有较强立体感的肌理。

八、钉缀

钉缀肌理是通过在皮革表层钉缀某种东西并在一定面积里达到一定密度所形成的一种肌理。如果钉缀钻石、水晶、宝石、黄金、裘皮等物品，其帮面钉缀肌理则会呈现华丽、奢华、高贵的风格；钉缀自然中的花、草、木、树叶等物品，其帮面钉缀肌理则会呈现亲切、温馨和回归自然的美感；钉缀金属钉或金属丝，帮面钉缀肌理则会呈现前卫、个性的风格。应注意金属类钉缀在绘制表现时需加强高光与明暗交界线的对比（图 7-8-6）。

九、刺绣

刺绣肌理是对帮面皮革或其他帮面材料按照一定形状进行刺绣，并在一定面积里达到一定密度所形成的一种肌理。作为一种传统工艺，刺绣在女时装鞋和童时装鞋中运用较为广泛。在刺绣的呈现上需绘制出刺绣的线迹感，刺绣效果就自然而然地表现出来了（图 7-8-7）。

十、捏花

捏花肌理是将皮革或其他柔软帮面材料从后面按一定花型捏缝起来，并在一定面积里达到一定密度所形成的一种肌理。捏花肌理具有较强的立体感和艺术性，花型变化丰富。

图 7-8-7　刺绣工艺女鞋

图 7-8-8　绗缝工艺女靴

十一、绗缝

绗缝肌理是将皮革或其他柔软帮面材料与鞋里之间放入海绵或其他有弹性的软填充物，然后按某种几何图形或花型在上面缝线（辑线）形成的一种凸起肌理。绗缝肌理可以给款式造型带来一种厚实和加强保护性的感觉，适合于冬靴尤其是时装童靴的造型变化（图 7-8-8）。

鞋靴材质肌理设计基本原则主要体现在鞋靴材质肌理设计要符合鞋靴品牌概念内涵及风格定位和季节主题。材质肌理的运用不能影响鞋靴穿着的舒适性和耐用性等，最起码要符合穿着的基本功能要求。材质肌理的运用要符合流行时尚，突出鞋靴材质肌理美感和新颖性。

鞋靴设计中除对单一材料的使用外，更多是对不同材质肌理材料进行重新组合搭配。在重组过程中，还需结合材料形态、大小、位置摆放等方面进行创新，来获取材质肌理的对比效果。材质肌理的对比视觉效果与心理感觉主要有硬与软、厚重与轻灵、光滑与粗糙、虚与实、平与凸（图 7-8-9）、透明与不透明、镂空与实体等。

图 7-8-9　平与凸材质肌理男鞋

课后建议练习

1. 收集 20 款不同材质的鞋靴，选择 5 款绘制效果图；
2. 对各种面料肌理画法特点进行总结。

8 第八章 女鞋设计与表现

学习目标： 认识和理解各种不同类型女鞋主要特征及造型表现元素，
　　　　　 并掌握各种女鞋设计与表现的基本方法。

学习要求： 1. 收集各种不同女鞋资料并分析其主要特征及造型表现元素；

　　　　　 2. 理解各种女鞋的设计规律；

　　　　　 3. 掌握各种女鞋的表现技巧与方法。

学习重点： 灵活运用不同表现手法对各种女鞋设计点进行表现。

学习难点： 理解各种不同类型女鞋主要特征及设计规律并进行表现。

　　女性由于历史、生理和社会等原因，对服饰装扮有一种本能的强烈追求。因此女鞋设计前景广阔，备受设计师关注，在设计手法上体现出多样化的特征。

　　女鞋设计通常以 20~30 岁、31~45 岁和 45 岁以上的三个年龄阶段进行针对性分析。如 20~30 岁年龄段女性对新的事物敏感，决定了这个年龄段女性对鞋靴款式造型非常重视，设计时应加强对鞋靴形态、色彩搭配、材质的运用和配件等方面的创新设计。在为 31~45 岁年龄段女性设计鞋靴时，可不过分强调款式造型的夸张性，但需体现含蓄美，并对鞋靴的舒适性要求重点考虑；45 岁以上女性对鞋靴款式造型的敏感度进一步降低，对舒适性、实用性和经济性考虑要进一步增多。设计女鞋同时还要对地域性和气候条件等相关因素进行分析，年龄段、地域、气候等因素往往影响女性对鞋的式样和功能的选择。

第一节　女浅口鞋

一、女浅口鞋设计分析

浅口鞋（图8-1-1）是女性常穿的一种鞋。浅口鞋穿着者不同则设计的侧重点也有所不同，总体造型风格为：端庄、典雅、高贵、干练、简约。其特点为跗骨部位对鞋帮没有拉伸、支撑、皱缩变形等作用力，其前帮较短，脚背部分比其他鞋暴露较多，跖跗部位通常没有鞋耳、鞋舌等部件，口门形状变化十分丰富，有圆口、尖口、方口、花形口、心形口、尖圆口、方圆口、蛋圆口、海圆口、组合口等。女浅口鞋是春夏、夏秋季节交替时女士们喜欢穿着的一类鞋。圆口门鞋是这类鞋的典型代表，在圆口门鞋的基础上稍加变化，可以变化成更多的款式。

女浅口鞋设计点主要在造型、材质、色彩、配件等方面进行变化：

（1）造型设计上女浅口鞋的楦型、跟型或其他附加帮部件，在满足实用和时尚的基础上都需要通过薄、尖、窄、细的形体来展现一种立体优雅形态（图8-1-2）。一般尖头、狭头式的楦要配细而弯的鞋跟；方圆头式的楦要配粗而直的鞋跟；扁头式与方型跟相配；歪头式与坡跟、平底相配。浅口鞋的鞋帮面面积较小，主要是对它的鞋头部分进行帮部件分割来寻求变化（图8-1-3、图8-1-4）。

（2）女浅口鞋帮面用料比较考究，最好选用羊面革、麂绒革、牛面革及大比例用流行材质，还可选用漆皮革、金属效应革（图8-1-5）。

（3）在装饰手法的设计与使用上通常选用帮面缝线、凿花孔、镶嵌、编串、缝埂、层叠、褶裥等工艺手法（图8-1-6）。

（4）在配件设计及应用上通常选用发光及亮度很高的材料，如（仿）宝石、（仿）裘皮、（仿）水晶、（仿）金银、玻璃等。

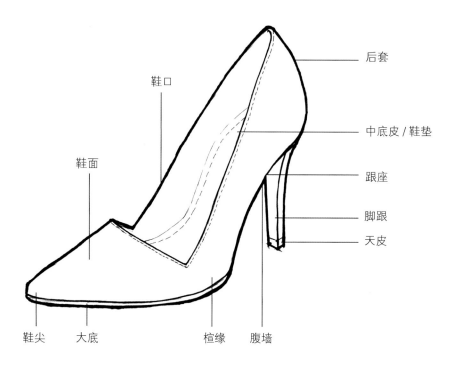

图8-1-1　女浅口鞋结构图

图 8-1-2 不同造型
元素设计的女浅口鞋

图 8-1-3 鞋头与鞋跟设计变化浅口鞋（1）

图 8-1-4 鞋头与鞋跟
设计变化浅口鞋（2）

图 8-1-5　蛇皮材质浅口鞋

图 8-1-6　鞋帮与鞋口设计变化浅口鞋

二、女浅口鞋设计表现

女浅口鞋设计表现重点是对鞋跟高度与鞋弓倾斜度的把握，注意鞋口开口大小与整体鞋面的比例关系（图8-1-7、图8-1-8）。

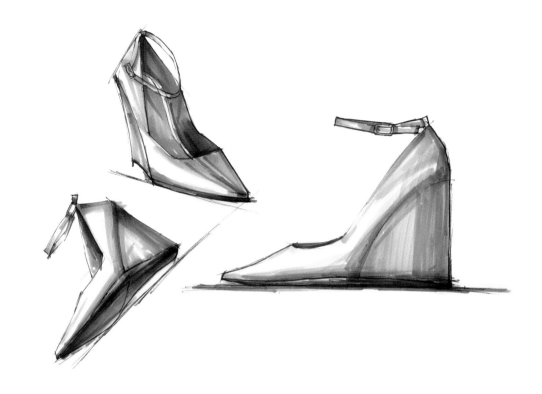

图 8-1-7　不同角度浅口鞋表现（1）

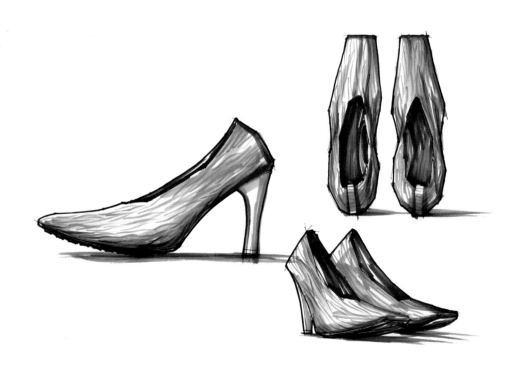

图 8-1-8　不同角度浅口鞋表现（2）

第二节　女休闲鞋

一、女休闲鞋设计分析

女休闲鞋因穿着属性，故设计时要有较好弹性外底，从而达到舒适的穿着体验。其结构式样没有严格规定，可以是前开口系带式、浅口式、橡筋式、低腰式、高腰式等。女休闲鞋设计要根据不同的受众群体在结构式样、帮面造型、色彩、材质、装饰工艺、装饰配件上进行创新变化。20~30岁青年消费群体追求造型的新颖，注重个性的表现，31~45岁的消费群体在追求式样新颖的同时又追求端庄、大方及舒适性。

（1）女休闲鞋造型设计重点在于考虑结构式样和帮面平面造型变化，而头式形态变化相对较少（图8-2-1、图8-2-2）。

（2）在色彩设计上，不同年龄段女休闲鞋设计配色有所不同：青年女休闲鞋要求明丽、优雅，同时又充满朝气和活泼跳跃；中年女性以单色、各种明度的中性色、同类色配色为主。

（3）女休闲鞋在图案元素设计上根据不同年龄段进行区别设计：年龄较大女性的休闲鞋以简洁大方的几何图案和新颖抽象图案为主，年轻女性的休闲鞋以几何图案和新颖抽象图案为主，具象图案为辅进行设计。图案装饰表现手法主要有冲孔、缉线、压印、串花、刺绣等。

（4）年轻女性追求时尚与个性，所以在年轻女性休闲鞋材质肌理的选用上，应多选择质地新颖的鞋材，运用有对比性的不同鞋材进行组合（图8-2-3），如光滑、锃亮的漆皮革，无光泽的磨砂革和金属效应革等，而中年女性注重材料本身的质量及档次。

（5）女休闲鞋装饰配件在设计上讲究与实用功能相结合，如固定鞋带的配件等。但要注意配件造型、色彩和质感要与鞋的整体造型风格相协调，且配件大小、数量、位置和组合造型都要有所考量。

图8-2-1　鞋面变化休闲鞋表现（1）

图 8-2-2　鞋面变化休闲鞋表现（2）

图 8-2-3　鞋面材质与造型变化运动休闲鞋表现

二、女休闲鞋设计表现

女休闲鞋设计表现重点为面料质感与变化细节的表现（图8-2-4）。

2021.1.20

图8-2-4　格子面料休闲鞋表现

第三节　女凉鞋

凉鞋已成为当今女性展现服饰风采、个性与品位的重要服饰品，其构造简单，是人类历史上最早出现的足上用品之一。中国古代光脚穿着的草鞋为我国凉鞋雏形。欧式女凉鞋于20世纪40年代传入中国，最早在上海、广州等口岸城市出现，后来逐渐传入其他城市。女式凉鞋在不同时期流行款式不同，如20世纪60年代期间流行平底的款式，20世纪70年代流行逼真的蛇皮和银光化的皮革制作的高跟凉鞋，20世纪80年代推崇凉鞋的自然真谛，突出脚的本色，减少其他的花哨装饰设计。

一、女凉鞋设计分析

女凉鞋结构式样富于变化，有全空式（图8-3-1）、脚背扣带式、脚腕扣带式、前后满中空式、前满后空式（图8-3-2）、夹脚式等。其中全空式又分为细条带全空式、宽条带全空式、平行条带全空式、穿插条带全空式、连接条带全空式等。女凉鞋从设计上大体上可以分为正装凉鞋与休闲凉鞋。

（1）正装凉鞋是出入正式场合时穿用的一种凉鞋，要求端庄大方，具有含蓄、高雅感。女正装凉鞋设计在结构式样上主要选择有冲孔装饰、编织网眼皮革做帮面的满帮式、前后满中空式和前满后空式等结构式样。鞋头式形态设计要注意檀头式的时尚性和在其基础上的变化创新。色彩以单色为主，沉稳双色配色为辅。材质一般选择全粒面正面革、高亮度的漆皮革或高档动物皮革（如鳄鱼皮、鸵鸟皮、袋鼠皮等）。装饰工艺主要有冲孔和编花（图8-3-3）两种。帮面可采用嵌皮条、缉线等手法。装饰配件以金属和皮革质地材料为主。

（2）休闲凉鞋款式多变，有全空式、前满后空式、夹脚式、扣带式或拖鞋式等。休闲凉鞋设计需要在满足舒适度的前提下体现设计感的独特性。色彩设计比较自由（图8-3-4），但双色搭配时要注意主色与辅色的面积比例关系。材质上可选用漆皮革、磨砂革、绒面革、棉织物、麻织物和油鞣革等搭配使用。在前帮上还可施以缝埂、冲孔、缉线等装饰工艺，全空式要对鞋的大底造型、跟型和内底上的图形与色彩进行设计，帮面也可进行宽条带或细条带设计（图8-3-5）。设计配件要注意装饰配件应与鞋的总体造型风格一致，配件的形态、色彩、材质、组合方式或组合出的图形要具有新颖性（图8-3-6、图8-3-7）。

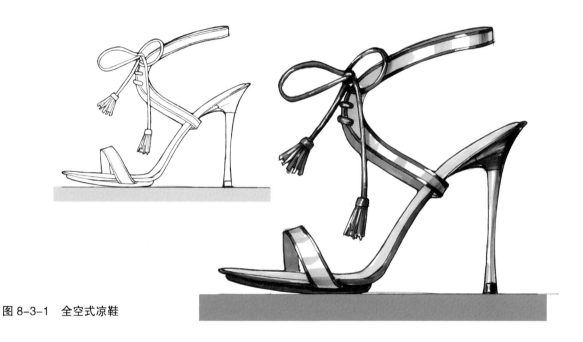

图 8-3-1　全空式凉鞋

图 8-3-2　前满后空式凉鞋

图 8-3-3　编花工艺凉鞋

图 8-3-4　高明度色彩松糕鞋底凉鞋

图 8-3-5　帮面有
条带设计凉鞋

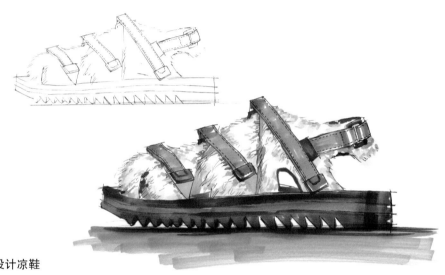

图 8-3-6　帮面有皮毛设计凉鞋

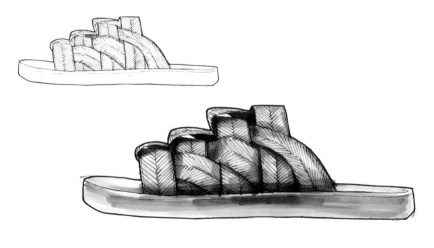

图 8-3-7　弹性条带设计拖鞋

二、女凉鞋设计表现

女凉鞋鞋面大部分为镂空或条带设计，为把握好整体造型要求首先从鞋楦造型开始理解并绘制，在把握好整体造型后再绘制细节（图8-3-8、图8-3-9）。绘制过程中要强调鞋面之间的层叠关系，结合设计的光源强调上层给下层带来的投影与暗面。同时注意鞋跟高度对鞋弓的倾斜度的影响。

图 8-3-8　创意凉鞋设计表现

图 8-3-9　女凉鞋设计表现

第四节　女时装鞋

一、女时装鞋设计分析

时装鞋具有较高的艺术品位和个性，同时又具有强烈的流行时尚性、文化性、主题性。其主要设计方法如下：

（1）鞋头与帮部造型变化。时装鞋帮部件造型变化一般是在鞋头部位，主要指鞋头装饰与分割设计。分割设计中分割线主要追求新颖、优美、简洁感，并且位置、长短、宽窄要具有节奏感。在分割的基础上还应有材质肌理和色彩的变化，也可以在鞋头位置进行帮部件的穿插或翻折设计（图8-4-1~图8-4-4）。

帮部除分割变化外还有立体造型的变化设计，主要指帮部件经过翻折后形成三维造型。女时装鞋帮部立体造型变化主要是在女靴的靴筒上。翻折帮部件不宜过多还要注意形状和大小渐变的节奏感，同时要注意翻折帮部件形状的曲线设计。手法可以是原帮翻折，也可以在靴筒上后加部件进行翻折。

（2）结构式样造型变化主要在后跟中缝处或中后帮处增加向上带状缚脚腕部件设计，可以在条带部件数量、形状、条带装饰上进行创新设计。

（3）装饰工艺设计与应用主要有编花、镂空、起褶、冲孔等。这些装饰工艺与帮部件上的曲线面或曲线线形结合更能体现优雅感。

（4）在色彩设计上，要求沉稳，不宜使用强对比色彩，通常使用流行色、灰色或同类色配色。

图8-4-1　鞋头与鞋帮变化设计

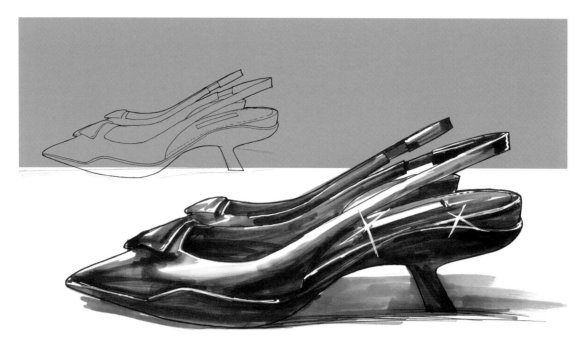

图 8-4-2　鞋头造型变化设计

图 8-4-3　鞋头材质变化设计

图 8-4-4　鞋跟造型变化女靴

二、女时装鞋设计表现（图 8-4-5~ 图 8-4-10）

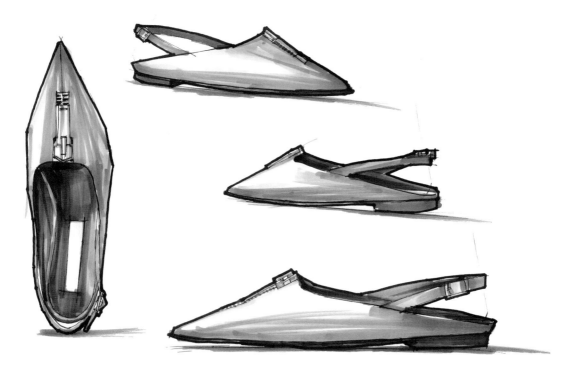

图 8-4-5　各角度时装平底鞋表现

图 8-4-6　各角度时装鞋表现

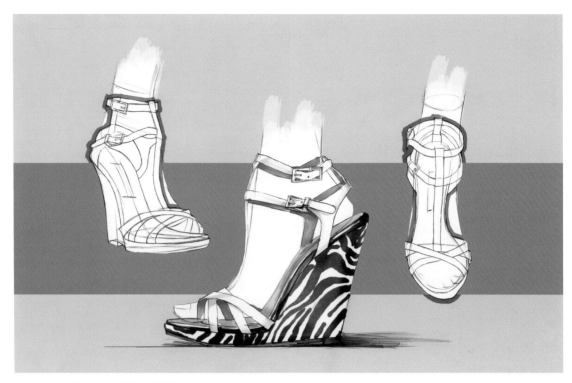

图 8-4-7　鞋底图案装饰时装鞋表现

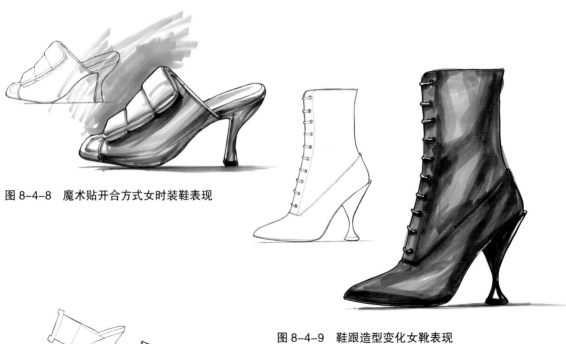

图 8-4-8　魔术贴开合方式女时装鞋表现

图 8-4-9　鞋跟造型变化女靴表现

图 8-4-10　鞋跟造型变化女时装鞋表现

第五节　女晚礼鞋

一、女晚礼鞋设计分析

晚礼鞋也可称作晚宴鞋或晚装鞋，具有华丽、高贵、新颖、浪漫等特点，是女性出入夜晚社交场合时穿用的一种鞋类。这种风格鞋源自欧洲，最初是贵妇、小姐参加宫廷盛大晚宴、舞会等隆重场合时与华丽的晚礼服搭配时穿着的一种鞋，后发展为去各种晚间娱乐消遣公共场合都适宜穿的一种鞋类。张扬、炫耀、标新立异是这种鞋的突出风格特点，并由过去单一的满帮式发展为现代的镂空式，制鞋材料也在不断丰富。

在晚礼鞋造型设计中装饰配件、色彩、材质、装饰工艺和图案设计比重较大，是烘托晚礼鞋风格、氛围和情调的重要的视觉元素。尤其是配件设计，非常注重艺术性、工艺性和华贵感。在材质上一般都选择（仿）金银饰品（图8-5-1）、（仿）金属饰品、（仿）珍珠饰品、（仿）宝石饰品和玻璃饰品等具有华丽感的材质。晚礼鞋结构式样设计较为自由，可以是浅口式、丁带式、低腰鞋、高筒靴等，也可以是单鞋、凉鞋。鞋面材质一般选用具有光泽感的动物皮革、漆皮革、珠光革、激光革等具有较好视觉效果的材料。

晚礼鞋的色彩设计以黑色与白色居多，金色、银色也是常用色，但多以点缀色的形式出现。在彩色系的使用上多以明艳色为主。

晚礼鞋上的图案应用有抽象图案、具象图案和古典装饰图案三大类。工艺手法一般用印刷、镂空、镶嵌、刺绣等来完成。

图 8-5-1　带有仿金银装饰晚礼鞋表现

二、女晚礼鞋设计表现（图8-5-2）

图 8-5-2　带有珠宝装饰晚礼鞋表现

课后建议练习

1. 查找 20 款不同风格女鞋，并分析其风格特点与工艺特点；

2. 选择 10 款进行着色练习；

3. 设计 5 款不同风格的女鞋并绘制效果图。

9 第九章 男鞋设计与表现

学习目标： 认识和理解各种不同类型男鞋主要特征及造型表现元素，并掌握各种男鞋设计基本方法。

学习要求： 1. 收集各种不同男鞋资料并分析各种不同类型男鞋主要特征及造型表现元素；

2. 理解各种男鞋的设计规律；

3. 掌握各种男鞋的表现技巧与方法。

学习重点： 灵活运用不同表现手段对各种男鞋设计点进行表现。

学习难点： 理解各种不同类型男鞋主要特征及设计规律并进行表现。

男鞋（图9-0-1）设计与女鞋设计的不同之处，在于男鞋设计不仅要追求严谨、庄重、高贵和挺拔粗犷的设计感，同时还要完美地体现男性的阳刚、权威和地位感。不同年龄和阶层的男性有着不同的价值观和审美观，因此，男鞋在设计时通常根据不同年龄和阶层进行设计构思。青年男性个性强烈，追求新潮、桀骜不驯；成年男性成熟、稳重、含蓄，要求鞋靴大方、庄重和舒适，同时可体现其地位和修养，注重品牌和高贵感。

男鞋的穿着目的和场合越来越细化，不同的场合对款式有着不同的需求。男鞋主要分为四大类：正装鞋、休闲鞋、礼鞋和时装鞋。

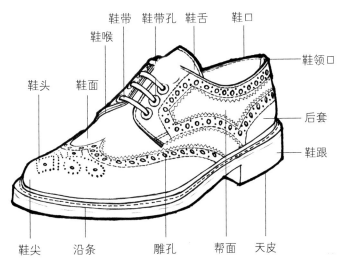

图9-0-1 牛津鞋部件示意图

第一节　男正装鞋

男正装鞋是一种外观造型庄重、大方且无过多装饰的鞋类，常与正统服装进行搭配。常见的男正装鞋有内耳式三节头皮鞋、外耳式三节头皮鞋、绊带耳扣式鞋、围条围盖舌式鞋（图9-1-1）等。正装鞋通常是在特定的正式场合进行穿着，为显示一定修养和地位。因此，男正装鞋设计不仅追求高贵、典雅、大方的设计而且还追求精致的工艺与高档的材料，同时还要体现一定的时尚性。

1.男正装鞋鞋头与帮部件设计

男正装鞋造型设计主要体现在头式造型设计和帮部件分割造型设计。鞋头形态造型设计其实就是对楦头式的设计变化。设计创新点通过鞋头部形体上方含蓄、新颖的"线"或"面"凸起变化设计来体现（图9-1-2）。

帮部件分割造型设计是男正装鞋设计中运用最为广泛的设计手法。帮部件的分割既可以形成新的视觉美感，同时在用料上具有一定的经济性。男正装鞋帮部件分割造型不仅要注意线条的美感与新颖，还要注意分割后的帮部件比例及其造型上的协调感。

2.男正装鞋装饰工艺设计与运用

装饰工艺设计同样是男正装鞋设计的重要设计元素之一。男正装鞋常用装饰工艺有缝假线和穿条（串花）（图9-1-3）两种，创新手法有单元装饰和组合装饰。

3.男正装鞋材质肌理设计与运用

男正装鞋的材质是根据其定位进行选用的。价格定位越高材质选择越高档，如鳄鱼皮、鸵鸟皮、鲨鱼皮；价格定位低的通常选用一般的动物皮革及合成材料。总体来说为追求透气性通常选用粒纹细致，手感柔软，

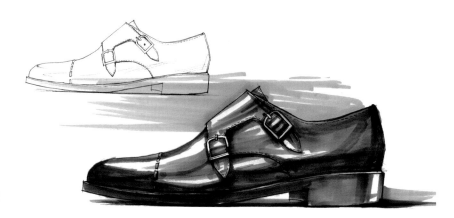

图 9-1-1　围盖式男鞋

图 9-1-2　鞋头造型变化设计

滑爽、丰满的胎牛皮和小牛皮较多。男正装鞋设计还可以选用不同肌理材料来寻求设计变化（图9-1-4）或同种材料的创新分割变化。

4. 男正装鞋配件设计

配件的设计与应用对鞋靴起到点缀、美化、标识的作用。男正装鞋配件设计原则是既要与鞋的整体造型风格相协调，又要有较高的艺术性。具体设计要求达到新颖、独特、美观的效果。造型上没有具体限制但通常体积要小巧、纤秀，色彩通常运用金色、银色、古铜色（图9-1-5）。

二、男正装鞋设计表现

男正装鞋整体造型偏薄，但表现时要强调鞋正面与侧帮之间面与面的转折关系。同时材质肌理表现也是男正装鞋的一大重点，注意要选择合适的材料进行表现，如图9-1-6为镭射面料肌理，可以选择彩铅的并色技法进行绘制。

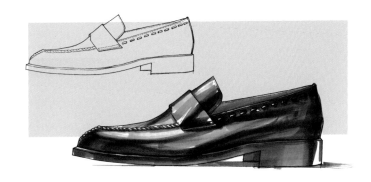

图 9-1-3　串花装饰设计

图 9-1-4　面料肌理变化设计

图 9-1-5　对比色男装鞋设计表现

图 9-1-6　镭射面料肌理设计表现

103

第二节　男休闲鞋

休闲是一种时尚符号，休闲鞋在现代生活中使用极为广泛，随处可见，如散步、运动健身、旅游、购物等。我国为世界休闲鞋生产和消费大国，有着巨大的市场。

休闲鞋的概念在20世纪中后期才出现，它是与休闲的生活方式紧密相关的。休闲鞋是人们工作之余休闲放松时穿的鞋，不受结构式样的限制，其设计特点为：易穿脱、舒适、耐磨、轻巧、富有弹性且便于运动。男休闲鞋总体设计原则是舒适化、轻便化及个性化。

一、男休闲鞋设计分析

休闲鞋设计首先要满足舒适行走的需要，因此设计前要着重研究足部的生理结构及运动机能，然后根据其舒适性、耐用性和经济性需求选择相应的材料、结构、工艺技术等。

舒适性是休闲鞋所追求的最重要的实用功能。影响休闲鞋舒适性的构成因素主要有合脚性、缚脚性、透气性、吸湿性、柔软性、减震性、阻隔性、压力分散性和摩擦性等，这些因素是相互依存与影响的。

图9-2-1　缉线设计休闲鞋

休闲鞋在满足舒适性要求后，其满足审美和象征功能也同样重要。人们对休闲鞋的实用、美观等方面的需求既有普遍性又存在差异化。例如，不同年龄、地域、文化程度、地位、社会阶层和收入的男性，其对休闲鞋的款式造型审美和实用功能需求就有着较大的差别。又如，审美方面，有追求典雅美的，有追求粗犷美的；实用功能方面，有追求透气性和防水性的，有追求防滑性和保温性的。影响休闲鞋设计的因素较多，如流行时尚、结构构造、材料性能、生产技术、成本控制等。

休闲鞋根据穿着用途大致可分为日常休闲鞋与运动休闲鞋两类。

1.日常休闲鞋设计

日常休闲鞋指的是人们用于日常生活中穿着的鞋类，舒适性是其最重要的穿用功能。根据不同年龄、阶层、地域和性格的使用对象，日常休闲鞋设计大致有典雅型、时装型和前卫型三种风格。时装型适合较年轻、性格比较张扬的男性穿着，前卫型适合具有强烈反叛精神和特立独行性格的男性穿着。

（1）典雅型适合于年龄较大、社会地位较高或性格内敛稳重的男性穿着，此类鞋靴可以表现男性身份地位和文明素养。典雅风格日常休闲鞋的头部形态造型一般不做过多变化，紧随当季流行即可。其创新点主要是对帮部件中后部进行新颖、简洁、柔和的分割造型变化。

在材质肌理的设计应用上主要从功能考虑，休闲鞋多为户外运动，设计时要着重考虑透气性，如多使用透气性好的织面材料。典雅风格日常休闲鞋一般选用磨砂革、绒面革、油鞣革或涂有一定光饰层但不是很亮的帮面材料。

在装饰工艺设计上一般是在流行装饰工艺的基础上进行设计变化的。其常见装饰工艺有：穿条、编花、冲孔、起褶、叠片、缝埂、缉线（图9-2-1）等。

典雅风格的日常休闲鞋色彩设计常以茶色、奶咖啡色、棕黄色、深棕色、黄灰色和棕黑色等中明度和低明度的暖灰色为主，同时也结合色彩流行趋势运用其他色彩。进行双色或多色配色时，一般以流行的颜色占较大的面积，其他颜色作为点缀色，点缀色相对主色来说明度、纯度要高一些。

（2）时装风格的日常休闲鞋设计主要追求舒适性、时尚性及艺术性，购买人群主要为个性张扬、喜欢表现自我的青年人。

时装风格男鞋设计注重鞋头的设计与变化，常在满足舒适穿着与行走方便的基础上进行超长、超方、超厚、超薄、超斜等设计。帮面上的设计需要与楦头式造型相协调，以创新曲线、直线分割为主。

在时装风格的日常休闲鞋材质肌理应用上，也有同一材质与多材质应用两种，但一定要做到新颖、时尚、夸张。

时装风格的日常休闲鞋色彩运用主要有单色与多色两种。在进行两色或多色对比配色时，要注意色彩协调性与流行性（图9-2-2、图9-2-3），在图案设计上要体现艺术感、个性感与夸张感。

2. 运动休闲鞋设计

运动休闲鞋是介于休闲鞋与专业运动鞋之间的一种品类，集运动鞋和休闲鞋功能于一身，也可以说是具有较强运动功能的一种休闲鞋。运动休闲鞋作为一种休闲鞋，舒适性无疑还是它的主要实用功能，在满足了舒适性要求的前提下要注重体育运动功能。因此在设计上要注重吸湿性、透气性、缚脚性、减振性、防滑性、材料强度、工艺牢固性（图9-2-4、图9-2-5）等。在造型设计上，以

图 9-2-2 多色设计休闲鞋

图 9-2-3 双色设计休闲鞋

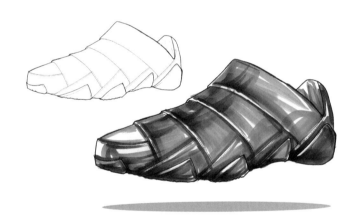

图 9-2-4 拼接工艺休闲鞋

图 9-2-5 休闲拖鞋

图 9-2-6　硫化鞋底运动休闲鞋

图 9-2-7　休闲男鞋

图 9-2-8　多色运动休闲鞋（1）

图 9-2-9　多色运动休闲鞋（2）

图 9-2-10　多色运动休闲鞋（3）

休闲鞋造型风格为主，适当注入一些运动风格。在色彩设计上与其他休闲鞋基本相同，多采用色相、明度和纯度等相对较高的色彩（图 9-2-6、图 9-2-7）。多色搭配也要注意点缀色的流行性（图 9-2-8~图 9-2-10）。

在材质设计与选用上，材质肌理对比性设计多于日常休闲鞋的材质设计，通常以带状帮面材料进行变化。针对年龄较大、经济能力稍强的消费群体，帮面材料可选用具有一定光泽感的光面全粒面革、无光泽感的磨砂革。针对年纪较轻、经济能力稍弱的消费者，主帮面材料既可以选用具有一定光泽感的光面革，也可选用无光泽感的磨砂革、油鞣革，还可选用光泽感较强的漆皮革、激光革等与之进行点缀。

三、主要类型休闲鞋设计表现

休闲鞋主要的表现点为面料质感、工艺与配件细节。由于休闲鞋细节繁复，所以要注意光线与效果的整体性（图 9-2-11~图 9-2-14）。

图 9-2-11　男靴表现

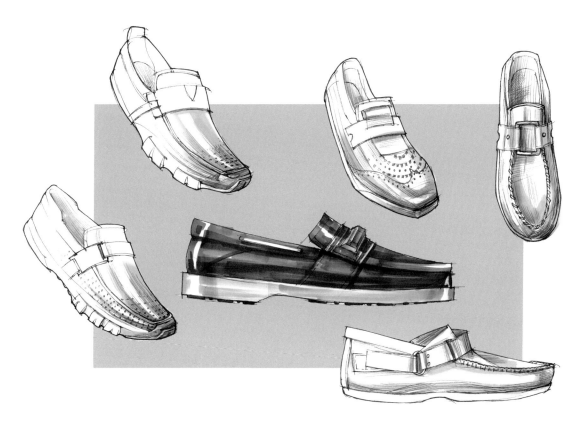

图 9-2-12　乐福鞋表现

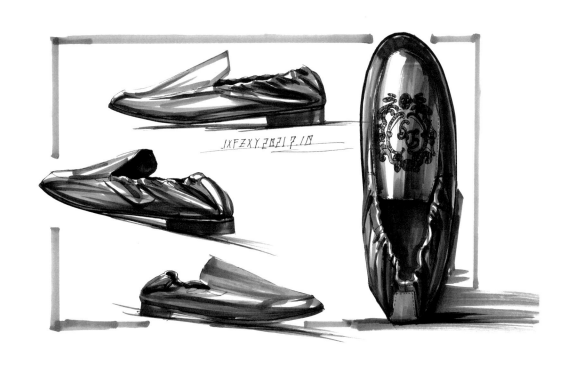

图 9-2-13　刺绣工艺休闲鞋表现

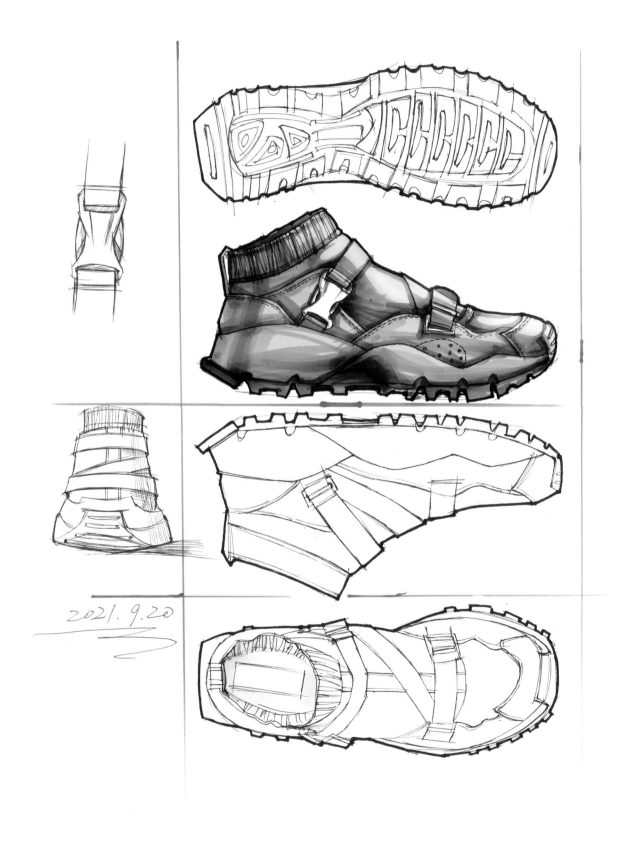

2021.9.20

图 9-2-14　户外风格休闲鞋表现

第三节 男凉鞋

凉鞋是一种时尚服饰而并非单纯避暑服饰,在夏天搭配穿着居多。

一、男凉鞋设计分析

凉鞋是从原始的包裹物演变而来的一种开放型的鞋类(图9-3-1)。早期凉鞋是将鞋底通过带子、夹柱或者通过足弓和脚踝固定在脚上的,到了后期出现变化丰富的款式,有男女款式之分。市面上通常可见到的凉鞋的款式有:鱼嘴鞋、厚底凉鞋、一字带鞋、罗马鞋、穆勒鞋、拖鞋、沙滩凉鞋、运动凉鞋、冬季凉鞋。

鱼嘴鞋:也称露趾鞋。鞋头顶端有一块鱼嘴形镂空,刚好裸露出一两个脚趾的凉鞋品种。同时它也是一种包裹性强的凉鞋款式,因此可以四季百搭。

厚底凉鞋:通常为厚重木底的凉鞋或类似样子的鞋,一般指不系鞋带的便鞋,也包括靴子。

一字带鞋:是款式附加性最多的凉鞋款式,但其包裹性不佳。

罗马鞋:鞋面多带子。

穆勒鞋:指没有后帮的鞋,也可算凉鞋。

拖鞋:指后半截没有鞋帮的鞋(图9-3-2)。

沙滩凉鞋:去海滩游玩时使用,在中小学生中较普及。

运动凉鞋:运动凉鞋既有普通凉鞋的透气性,帮面又有运动鞋的牢固性,可与脚有紧固的连接。

冬季凉鞋:冬季凉鞋是可以适合冬天穿的露出脚部的凉鞋,一般内部有毛绒填充物。

男凉鞋的设计方法同样是在鞋头与帮部使用镂空造型,在鞋帮与鞋底材质、装饰工艺、配件、色彩等方面进行变化。

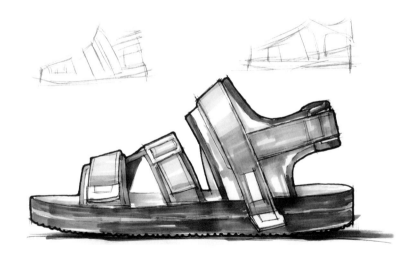

图 9-3-1 男式凉鞋

图 9-3-2 男式拖鞋

二、男凉鞋设计表现

凉鞋鞋帮、鞋面大部分为镂空或者带子，在整体的把握上有一定的难度，这就要求在绘制时一定先从鞋楦造型开始理解与绘制，在把握好整体造型后再绘制细节。绘制过程中要强调鞋面带子中的面与面之间的层叠关系，结合设计的光源强调上层给下层带来的投影与暗面（图9-3-3~图9-3-6）。

图9-3-3 迷彩拖鞋

图9-3-4 各角度运动凉鞋表现

图 9-3-5　各角度户外凉鞋表现

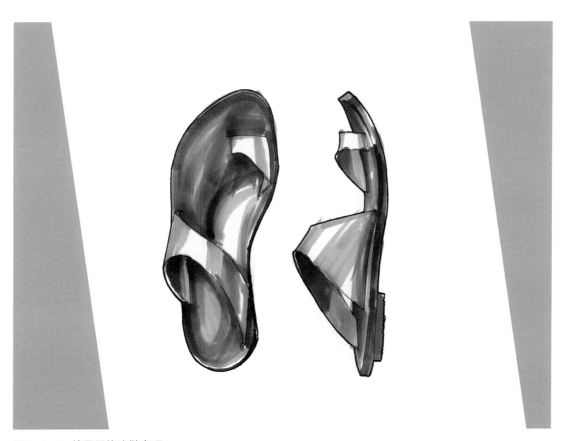

图 9-3-6　简易风格凉鞋表现

第四节　男礼鞋

男礼鞋是出席重要社交场合，配合男礼服或西服穿用的一种皮鞋，也可以与其他比较正式的服装搭配穿着。男礼鞋的款式造型特点是在帮面上有冲孔、花边和流苏装饰，风格华丽、高贵。

一、男礼鞋设计分析

1.传统男礼鞋设计

传统男礼鞋高贵、华丽，其设计创新点是鞋头部有冲孔花型变化，花型有圆形、菱形、半圆形或其他异形花型。

传统男礼鞋常用色彩有棕色、棕黄色、白色、黑色、黑色与白色组合等。双色搭配时，一般深色放前帮（包头部件）和后帮（后包跟部件），浅色放中帮。

2.正装男礼鞋设计

正装男礼鞋是指华丽感较弱但带有一定端庄感的男礼鞋。正装男礼鞋在造型设计上主要是对其头式造型（楦头式造型）、帮部件分割造型两个方面进行设计变化。装饰工艺一般在鞋头、包头和缚脚结构帮部件边缘处使用冲孔装饰，冲孔以二方连续加上直排、

图9-4-1　冲空工艺男礼鞋

折排、曲排、直折排、直曲排和折曲排等形式来表现。

3.时装男礼鞋设计

时装男礼鞋适合用具有华丽、夸张、艺术造型的男礼鞋来体现。其创新点主要是对形态（结构式样）、图案、装饰工艺、材质肌理搭配等造型元素进行艺术、夸张的变化创新。

造型设计主要是对其头式造型（楦头式造型）、帮部件分割造型两个方面进行艺术、夸张的设计变化。装饰工艺设计除冲孔（图9-4-1）、锯齿花边外还常用较夸张的扭花、褶皱等装饰工艺。

二、男礼鞋设计表现（图9-4-2~图9-4-4）

图9-4-2　装饰缉线男礼鞋表现

图 9-4-3 冲孔工艺男礼鞋表现（1）

图 9-4-4 冲孔工
艺男礼鞋表现（2）

第五节　男时装鞋

图 9-5-1　鞋底变化时装鞋

图 9-5-2　造型夸张时装鞋

男时装鞋是指造型比较夸张、个性时尚的男鞋（图 9-5-1、图 9-5-2），具有较强的时尚性与流行性。与男正装鞋相比，造型要更夸张、更具个性化，而与男前卫鞋相比夸张性和个性又要弱一些。

一、男时装鞋设计分析

1. 男时装鞋造型设计

男时装鞋造型设计创新点仍然是鞋头、帮面结构和帮部分割这几个方面。

鞋头主要是在考虑正常穿着的基础上进行超长、超尖、超薄、超方、超厚、超斜设计以及鞋头上方的新颖立体造型设计（图 9-5-3、图 9-5-4）。

帮面结构设计变化主要包括帮部件的新颖组合设计和开闭结构设计。帮部件结构设计通常通过增加帮部件和帮部件位置调整来实现，同时还可以对新增加的帮部件的形状、色彩、材质肌理和装饰工艺等几个方面进行创新变化。鞋靴开闭结构设计主要是通过开闭方式变化、开闭位置变化、开闭帮部件或配件造型变化和开闭结构数量变化等几个方面进行创新设计。

帮部件分割主要是对鞋上的分割线的形状、位置、长短和多少进行思考，同时还要考虑材料的经济性与工艺合理性。

2. 男时装鞋色彩与图案设计

色彩设计首先要考虑色彩的流行性。男时装鞋流行色具有固定的区域性和时差性，如南北方的差异性。其次，要考虑不同年龄段、不同地域、不同民族、不同职业的色彩审美偏好。最后要考虑与服装整体色彩的协调性。

男时装鞋图案设计变化范围很大，几何图案和抽象图案运用相对较多。同时根据不同的风格及受众还有文字、字母、标识、民族图案等设计应用，图案变化手法主要以大小、数量、位置、方向、色彩、质地和实现方式等方面进行设计。

3. 男时装鞋材质与配件设计

男时装鞋材质选用要求在符合具体风格的前提下，同时具有较高的新颖性和较强的肌理组合对比性与流行性，配件应结合品牌与风格进行设计。

二、男时装鞋设计表现

男时装鞋设计的表现重点为强调夸张的造型、装饰工艺与装饰饰件（图 9-5-5、图 9-5-6）。

图 9-5-3 鞋头变化时装鞋

图 9-5-4 材质变化时装鞋

图 9-5-5　时装鞋表现（1）

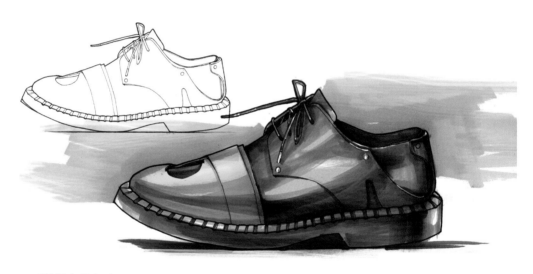

图 9-5-6　时装鞋表现（2）

课后建
议练习

1. 查找 20 款不同风格男鞋，并分析其风格特点与工艺特点；

2. 选择 10 款进行着色练习；

3. 设计 5 款不同风格男鞋并绘制效果图。

10 第十章 童鞋设计与表现

学习目标： 通过童鞋消费、审美、功能需求特点分析，认识和理解不同年龄段童鞋的造型特征、表现元素等，从而掌握童鞋的设计基本方法，培养较强的设计能力与表现能力。

学习要求： 1. 收集各种童鞋资料并分析童鞋消费、审美、功能需求特点；

2. 理解不同年龄段童鞋的造型特征、主要表现元素并掌握其设计规律；

3. 掌握童鞋的表现技巧与方法。

学习重点： 灵活运用不同表现手法对童鞋设计点进行表现。

学习难点： 理解各种不同年龄段童鞋主要特征及设计规律并进行表现。

　　童鞋的特点很鲜明，它的设计在鞋靴设计中占有特殊的位置。儿童处于生理、心理和认知成长发育时期，童鞋设计要比成人鞋设计考虑更加细致，所以设计要兼具审美和实用功能。例如，在满足实用功能的同时要着重考虑不同年龄段儿童的脚型，在材料的使用与部件的设计上要考虑对儿童脚与脚踝的保护。

　　儿童的心理、生理发展变化很快，受环境和生活条件影响很大，而且性别区分较大；设计师在设计时必须从成长环境、穿着用途、穿着季节等影响因素中进行生理、心理、审美、活动等方面的考量。童鞋的购买者多为其父母，所以还要考虑其父母的消费习惯、经济能力、审美偏好等。儿童大体上可以分为四个成长期：幼童、小童、大童和少年儿童。

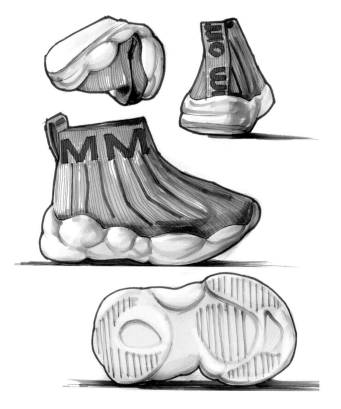

图 10-1-1　多角度柔软、屈挠性好的鞋底的幼童鞋表现

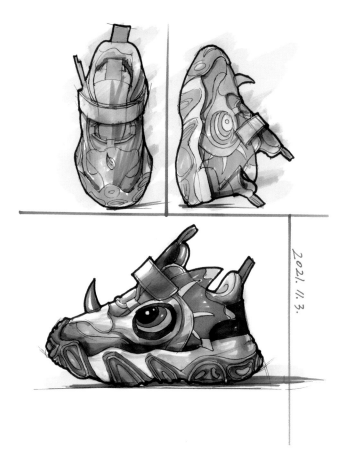

图 10-1-2　多角度新颖的仿生图案幼童鞋表现

第一节　幼童鞋

一、幼童鞋设计分析

幼童通常指 1~3 岁年龄段的孩子，幼童鞋在材料的选择上，应该采用柔软、吸湿、透气和保温性好的天然材料，如棉织物、麻织物、胎牛皮、小牛革等。这是因为幼童脚部皮肤非常娇嫩，且体温调节能力尚未形成，易出汗，对外界温度敏感。在鞋型上应多采用宽大型，大部分采用浅口结构式，口门设计需略微靠上，以防蹬踏时脱落。幼童经常有蹬踹动作，因此一般不采用缚带式结构。

在色彩的选择上女幼童多采用高明度粉色系列为主，且在粉色或一些浅色中点缀一些高纯度色，尽量减少高纯度色彩搭配。

在装饰设计上以平面设计为主，因为儿童在此时没有立体概念，工艺一般采用刺绣、拼贴等手法。形象设计通常以动、植物为主。幼童时为学步期，结构上应考虑跟脚性。鞋底设计要柔软、屈挠性好（图 10-1-1），并且不宜过厚。学步鞋结构式样可以选择绊带式、橡筋船式、整套式等。

（1）童鞋形态造型设计。幼童还没有形成主体意识，普遍对可爱型动物与美丽植物感兴趣，因此，形态设计上多采用"仿生设计"（图 10-1-2）。若结合有声配件进行设计效果会更佳。

（2）幼童鞋色彩设计。幼童对鲜艳、明亮的颜色非常敏感，因此幼童鞋靴在色彩设计上通常选用鲜明、活泼、明亮和富于变化的颜色进行设计（图 10-1-3）。

（3）幼童鞋装饰工艺设计。幼童鞋靴装饰工艺多采用缉线、冲孔、刺绣等与图案设计相结合，且具有夸张性。

图 10-1-3 高纯度色彩幼童鞋表现

二、幼童鞋设计表现

幼童鞋设计表现重点是对鞋口与整鞋长比例及长度与脚背厚度比例的控制与把握，在色彩绘制与表现上通常要提高色彩的明度与纯度（图 10-1-4、图 10-1-5）。

图 10-1-4 透气性材质幼童鞋表现

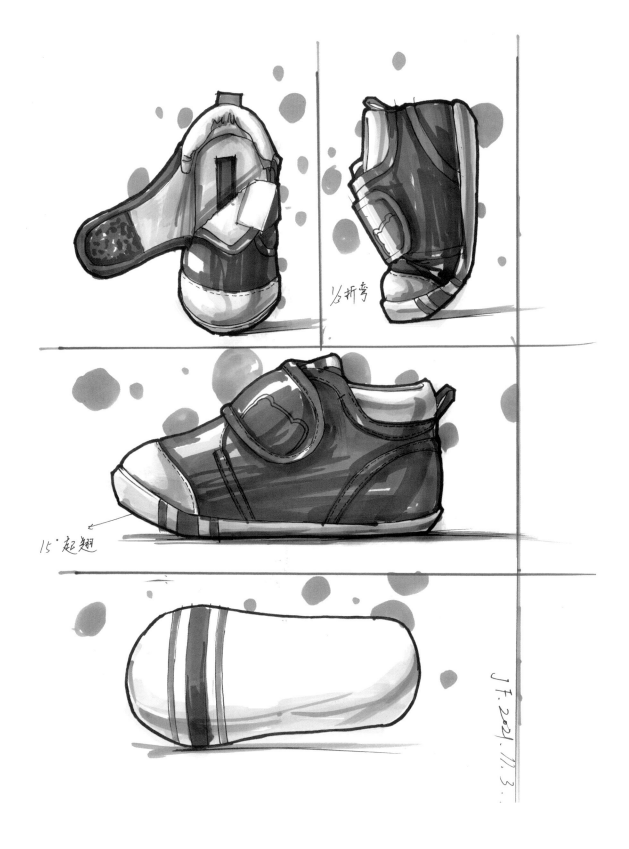

图 10-1-5　透气性、吸湿性和柔软性好的材质表现

第二节 小童鞋

一、小童鞋设计分析

小童的年龄一般在4~7岁，特点不同于幼童，小童智力发展迅速，活动量明显加大，对外界事物的接触增多，有一定的思想和感情表达能力。其活动环境主要是幼儿园和学校。因此在设计思路上应多考虑儿童智力培养。如具有语言安全提示的童鞋，带定位装置的童鞋，带发光与发声部件的童鞋。缚脚功能设计应简单、方便、易于操作，多采用粘扣、橡筋、拉链等形式。

1. 小童时装鞋设计

小童时装鞋总体设计思路为体现孩子活泼、夸张、天真、充满童趣性；功能上多考虑舒适性、卫生性、安全性和穿脱方便性。

（1）小童时装鞋形态造型元素设计主要包括楦头式形态、帮部件形态和结构式样形态等。鞋楦型不宜设计得过窄和过薄，可对楦头式做适当地夸张变化，使楦型具有一种童趣性；帮部件形态设计可以进行夸张、变形，多采用"仿生法"。

（2）小童时装鞋色彩设计仍以鲜艳、明亮的颜色为主，多采用多色配色、对比配色（图10-2-1）。

（3）图案元素设计上一般采用抽象图案、"仿生"图案以及具有时代性的卡通造型等。如：几何抽象图案、不规则抽象图案、数字抽象图案、文字抽象图案等卡通形象图案。

（4）小童时装鞋在材质的选择上首先要考虑卫生性，除在凉鞋的选材上可选用透气性较差的合成革或人造革外，其他一般选用吸湿性和透气性较好的天然材料，还可以大胆运用不同材料或同种材料的不同肌理对比设计（图10-2-2）。

图10-2-1 多色彩小童鞋表现

图10-2-2 不同材质小童鞋表现

（5）小童时装鞋装饰工艺常用的有刺绣、缉线、冲孔、扭花、拼缝、串花、印刷等。

2. 小童正装皮鞋设计

儿童正装皮鞋（图10-2-3）又称学生鞋，通常指端庄、典雅中带有一点活泼、天真感的儿童皮鞋。这种风格的童鞋主要用于与学校制服或较端庄的儿童服装搭配穿着，给人以规矩、有教养和较正式的感觉。

小童正装皮鞋分为小男童正装皮鞋和小女童正装皮鞋两种，两种相同风格的小童正装皮鞋不同之处在于，小女童正装皮鞋端庄中除有一点活泼和天真外，还要带有一点甜美。

（1）小童正装皮鞋装饰配件造型元素设计主要体现在浅口一带式小女童正装皮鞋上。前帮面积较小，不宜做过于复杂或艺术性的结构式样变化，通常通过装饰手法来进行设计，女童配件设计以蝴蝶结（图10-2-4）、

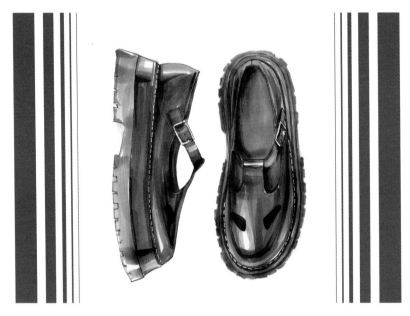

图10-2-3　小童正装
皮鞋设计与表现

图10-2-4　带有蝴蝶结设计小童正装皮鞋表现

花卉、植物为主。

在装饰工艺处理上通常使用翻折、扭转、穿插、起褶、冲孔、滚边、钉缀、蕾丝、缉假线、串花等工艺。

（2）小童正装皮鞋的造型设计一般以较饱满的圆头或圆方头为主，不宜做过多的变化。其设计点主要是对帮部件进行分割造型变化，创新点在于位置与形式的变化。

（3）小童正装皮鞋装饰工艺主要有蕾丝、起褶、冲孔、编花、缉假线、串花等，在使用时应结合图案进行数量、位置、大小、方向、组织造型等设计。

图 10-2-5 小童鞋凉鞋表现（1）

二、小童鞋设计表现（图 10-2-5~ 图 10-2-8）

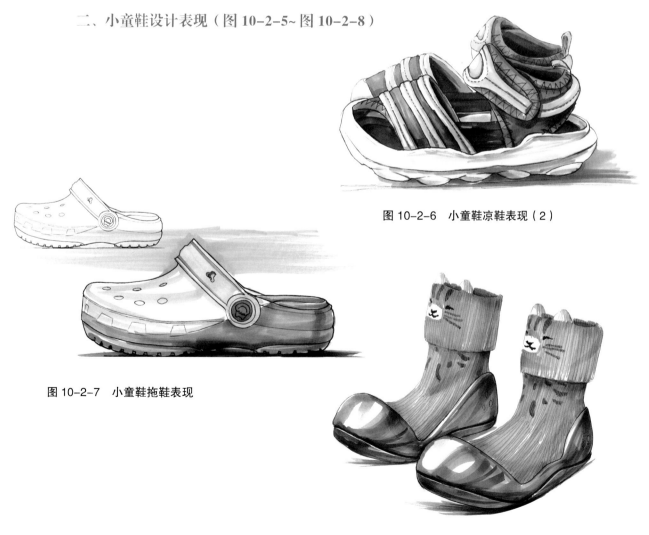

图 10-2-6 小童鞋凉鞋表现（2）

图 10-2-7 小童鞋拖鞋表现

图 10-2-8 仿生造型小童鞋表现

第三节　大童鞋

一、大童鞋设计分析

大童年龄段一般为8~12岁，此阶段的儿童自我意识逐渐加强，开始关注自己的形象及别人对自己的评价，在穿着选择上有一定的主见。在男童鞋设计上要特别注意防滑，鞋帮材料选择及结构设计要注意抗撕裂、抗拉伸的强度，帮底结合要坚实牢固。同时要注意与校服风格进行协调搭配。

（1）大童鞋形态设计应首先考虑其功能性和卫生性。鞋腔要稍稍偏大，不要影响生长发育，同时在头式形态、结构式样、帮部件分割造型、大底造型设计上要追求童趣性设计。

（2）因大童对色彩的感知趋向于广泛，所以大童鞋在色彩造型元素设计上没有太多限制。

（3）大童鞋在材质造型元素设计上仍以天然材料为主，在材料具有良好卫生性能的基础上，可考虑大童鞋材质视觉效果好的设计。

（4）大童鞋在图案造型元素设计上要有男童和女童之别。男童鞋图案设计逐步趋向于抽象化设计，女童鞋图案设计要以女童图案喜好进行设计。

（5）大童鞋在装饰工艺手法的运用上与小童鞋接近，区别在于图案内容的不同。

（6）大童鞋在配件造型元素设计上以为鞋增添一种纯装饰美感为主，在大小和数量上可以进行适当夸张。配件材质可多方面选择，如皮革、金属、人造革、塑料、棉、麻、绸缎、木制品、竹制品等。

二、大童鞋设计表现（图10-3-1~图10-3-3）

图 10-3-1　童趣化图案大童运动鞋表现

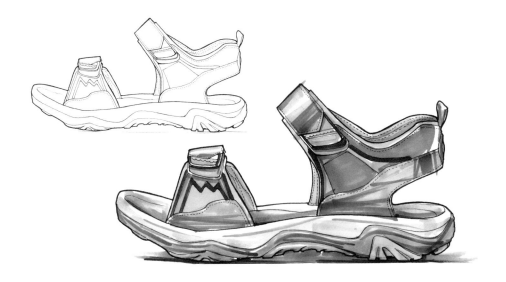

图 10-3-2 多色彩大童凉鞋表现

图 10-3-3 多材质大童休闲鞋表现

第四节 少年童鞋

一、少年童鞋设计分析

少年儿童指年龄在 13~16 岁的儿童，此时儿童处于生理、心理变化较大的时期，儿童生理发育趋于成熟，独立思考能力明显加强，对外表形象非常注重，同时有一定的品牌意识。此时的儿童处于向成人的过渡时期，性格复杂，因此在设计思路上要对童鞋与成人鞋进行折中拿捏，并把握好活泼与稳重感的分寸。

（1）少年童鞋形态造型元素设计仍然以考虑其成长为主，所以鞋头式造型不能过于瘦、薄，女鞋后跟也不能过高。此时鞋头式造型和结构式样可以借鉴成人鞋设计思路，在帮部件造型设计中可多做设计变化，使成人化的款式显得活泼、生动。同时要着重考虑性别差异性。

（2）少年童鞋色彩造型元素设计要视鞋的类别而定，运动鞋（图 10-4-1）、旅游鞋和凉鞋的色彩可以丰富、鲜艳一些，正装鞋类沉稳一些，少女鞋应多考虑粉色系色彩的应用。

（3）少年童鞋在材质造型元素设计上应选择吸湿性和透气性较好的天然材料，如天然皮革、棉、麻等，运动、休闲类的少年童鞋可以使用些特殊效果的合成革来增加活力感和个性感。

（4）少年童鞋在图案造型元素设计上通常不再使用卡通形象图案，而多采用具有运动活力感的抽象图案（图 10-4-2）。

图 10-4-1　少年运动鞋表现

图 10-4-2　带有抽象图案的少年童鞋表现

（5）少年童鞋在装饰工艺造型元素设计上一般有穿花、维线、冲孔、刺绣、压印等，并结合好图案设计与风格类型进行选择。

二、少年童鞋设计表现

少年童鞋设计表现基本与成年鞋无异，在鞋口与整鞋长的比例、长度与脚背厚度的比例关系方面与成年鞋有所差异即可。

课后建议练习

1. 查找 20 款不同风格童鞋（幼童、小童、大童、少年儿童各 5 款），并分析各年龄段童鞋特点；
2. 选择 10 款进行着色练习；
3. 设计 5 款不同年龄段童鞋并绘制效果图。

11 第十一章　运动鞋设计与表现

学习目标： 认识和了解运动鞋的分类、造型特征、主要造型表现元素及其表现特点。掌握运动鞋设计的基本方法与表现技巧，通过分析与实践使学习者具有较高的设计能力和表现能力。

学习要求： 1. 收集各种不同运动鞋资料并分析不同类型的运动鞋主要特征及造型表现元素；

　　　　　　2. 理解各种运动鞋的设计规律；

　　　　　　3. 掌握各种运动鞋的表现技巧与方法。

学习重点： 灵活运用不同的表现手段对各种运动鞋设计要点进行表现。

学习难点： 理解各种不同类型运动鞋主要特征及设计规律并进行表现。

运动鞋（图11-0-1）现已成为人们日常必备的一种鞋类，分为专业运动鞋和普通运动鞋。专业运动鞋是根据具体的项目要求进行设计的，以提高运动成绩为目的，专业性较强；普通运动鞋是大众参加一般体育运动和休闲时穿用的鞋。

鞋带　　鞋舌　领口

气孔／穿孔孔眼

阿基里斯腱保护垫

后套

帮面　　大底　　车缝线　　气垫

图 11-0-1　运动鞋结构示意图

运动鞋设计十分注重运动机能性。设计师应从人体工程学和市场角度出发对脚部生理及运动机能进行深入了解，在保证基本功能实现基础上，以时尚性、审美性和舒适性为设计原则，追求兼顾卫生性、轻量化和造型多样性的设计，并且随着人们生活和着装观念的不断更新，把旅游鞋、运动鞋、休闲鞋结合起来进行多功能化的趋势设计。同时，设计师要不断了解市场，根据特定消费者的审美习惯、偏好，不断创造具有强大视觉冲击力的款式造型。

第一节　运动鞋设计要素分析

运动鞋形态设计主要集中于大底和帮部件的造型上，弱化了头式、结构式样变化。因此旅游鞋、运动鞋整体形态和结构式样在创新设计上的视觉效果也比较突出。在鞋头式形态设计上通常对厚与薄、对称与非对称和长与短等方面进行变化设计。同时旅游鞋、运动鞋在造型设计上极力改变传统平、板、笨造型，进行加长鞋楦、增加前掌翘度、增加鞋楦腰窝凹度等设计，使鞋显得轻灵、活泼，在增加鞋子造型变化的同时还可以减少穿着者的能量消耗，从而也降低这类鞋在运动当中的不稳定性。

一、运动鞋大底设计

运动鞋的主要设计点是大底，大底是影响运动鞋、旅游鞋整体造型效果的重要部件，同时基于大底材料和工艺的多样性，容易进行立体感和力量感的塑造。运动鞋大底设计在考虑与鞋面相呼应、配合与协调的同时，也要以整体化设计、立体化设计、多彩化设计、多变化设计与扩大化设计的思路进行设计。

大底立体化设计是指在大底侧面设计的图案要有凹凸感，凸显较强浮雕效果。

大底多彩化设计是指在大底上应用多色进行搭配设计。

大底多变化设计是指可以在材料的设计上实现多变化，如使用金属、有机玻璃、塑料、橡胶等，使其产生丰富性、对比性。

大底扩大化设计是指在不影响穿着使用的情况下，将大底侧墙加高、加大，以构成一种新颖的视觉效果。同时还要融入不同的图案进行设计，产生较强的视觉冲击效果。

二、运动鞋帮部件设计

帮部件设计也是运动鞋的重要设计元素之一。帮部件设计主要通过直线与曲线进行不同设计，直线型帮设计给人稳定与挺拔感；曲线型帮设计给人柔和、自由、流畅、富有生命力和运动感。帮部件设计还需结合大底的色彩设计、材质设计、图案设计等因素综合进行考虑，使其形成一个有机设计整体。

三、运动鞋色彩设计

运动鞋色彩设计要考虑不同的受众群体，但一般在原有的基础上色彩对比会偏强一些。通常为：无彩色系搭配；有彩色与无彩色系搭配；高纯度对比色的搭配；金、银色彩搭配等。金、银色彩搭配更具现代感、科技感和速度感。

四、运动鞋材质肌理设计

运动鞋、旅游鞋材料的使用设计，首先要考虑具体的使用属性，如防滑性、耐脏性与卫生性等进行材料选择。其次要考虑不同材质的视觉与审美感受，如粗糙材质有稳定感；光滑材质有运动感与科技感；压花皮革或莱卡网状材料有坚韧不拔感；光滑透明材质具有轻盈感。

五、运动鞋装饰工艺设计

运动鞋装饰工艺手法多样，从装饰手法来看多使用高频压塑装饰、绗缝装饰、缉线装饰等进行制作。帮面设计工艺有刺绣、冲孔、串花等。可在不影响强度的情况下融入新工艺、新技术进行设计。

六、运动鞋图案设计

运动鞋图案设计也是设计中的重要因素。图案（形）没有具体的限制，设计师可以根据灵感来源结合帮面、大底、色彩、材质等进行综合设计。可采用抽象图案与具象图案进行创新设计（图11-1-1）。

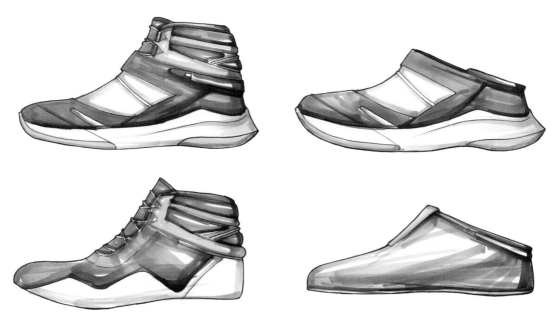

图 11-1-1　可拆卸多功能运动鞋

第二节　不同类型运动鞋的设计与表现

一、篮球鞋

篮球是一项剧烈运动，运动中会有不断地起动、急停、起跳和迅速左右移动等动作。对于一双篮球鞋来说，为了能应付激烈的运动，需要有很好的耐久性、支撑性、稳定性、舒适性和良好的减震作用。

当前篮球鞋设计趋向时装化，在功能性方面集顶级装备于一身。款式一般为中帮或高帮，能有效保护脚踝，避免运动时受到伤害。鞋子的起翘度较小，因此，篮球鞋的外观比较沉稳，不像跑鞋那么有动感（图11-2-1、图11-2-2）。

篮球鞋帮面结构简单，基本上是大块面的分割，强调抱脚性；鞋底设计复杂，要考虑各种功能的融合，如考虑减震性能时需考虑如何应用气垫设计。

鞋底一般采用高碳素耐磨橡胶，纹理通常为人字形、波浪形等，提高运动时的摩擦力；后跟较扁平，宽大的前掌带有深弯凹槽。内侧和脚弓等部位安装高密度材料和 TPU 材

图 11-2-1　高帮篮球鞋表现

图 11-2-2　低帮篮球鞋表现

料承托盘制成的扭转系统，以阻止运动时人脚向内过分翻转，避免运动扭伤，并使脚掌和脚跟配合地面情况自然扭转，提高运动时的稳定性和控制力。

篮球鞋帮面材质以加厚的柔软牛皮革或同等特性的 PU 革、牛巴革、超纤革为主，使其坚固、柔韧，有效承受冲击（耐久性）并穿着舒适，部分款式辅以小面积网布，以适应运动时对透气性的要求。除此之外，篮球鞋还有各种装饰工艺材料，如热切、电绣、电脑雕刻等。

二、网球鞋

网球鞋底花纹一般是粗水波纹。因网球场多为硬场地，比起篮球场，其地面更粗糙，所以耐磨的鞋底很重要，多为橡胶底。鞋帮设计多为矮帮，也有翻胶，前脚掌比较宽（图 11-2-3）。网球鞋后跟底部一般向内有一个小斜度，因打球时经常后退，鞋后跟向内收缩一些，可以调节重心，保持身体稳定。鞋底中部有架桥设计，以加强侧面稳定性，避免扭伤，还可以起到保护脚踝的作用。

三、跑鞋

跑鞋是运动鞋中的一个比较重要的大类，它包含了速跑鞋、慢跑鞋和长跑鞋等。而慢跑鞋和长跑鞋在造型、结构上没有太大的区别，但是在功能设计和材料的选择上有所不同。

在造型设计上跑鞋需营造出动感、轻快

图 11-2-3　网球鞋表现

感，故在线条表现时就要多以流线型的线条来表达，在运笔过程中要注意线条的流畅性。

在结构设计上，跑鞋的结构比较复杂，部件较多。为了增加跑鞋的动感和流畅感，部件之间一般都采用呼应和流线型的设计方法进行设计。

在材料设计上有帮面材料及鞋底材料之分：帮面材料主要以革和纺织面料为主，跑鞋帮面上的革主要起到保护和支持的作用。所以通常选用轻便、透气纺织材料，如网布。此外帮面上还有各种装饰工艺材料和 TPU 支撑部件的应用；鞋底材料一般是由橡胶、EVA、MD、TPU 等材料来构成的。跑鞋的鞋底由中底和外底组成。

1. 速跑鞋

速跑鞋适合短跑运动员和中短跑运动员穿着，一般重量比较轻，有短鞋钉，鞋型较纤细，合脚性较好，同时适用范围较窄，款式较少，版型结构变化不大，整体呈运动风格（图 11-2-4）。

图 11-2-4　多角度速跑鞋表现

2. 慢跑鞋

慢跑鞋适合场所较为宽泛，款式也比较多，版型结构变化较大（图11-2-5）。结构设计上一般以流线型为主，且具有较强的时尚性。其造型前部和后跟稍微向上翘起，减少脚掌的用力，同时可以减少鞋底前面和后面的磨损。通常有后包跟部件设计，使穿着者后脚跟落地时更稳定，其设计要求轻、软、耐弯折，且要考虑防滑性能。

3. 长跑鞋

长跑鞋在版型、结构等方面和慢跑鞋没有太大的区别，但是在功能上有较大的变化，它在慢跑鞋的基础上加强了鞋底的弹性和支撑性，以适应更高强度的运动（图11-2-6）。

四、足球鞋

足球鞋比较好辨认，一般足球鞋显得灵巧许多，鞋身比较瘦，比较合脚。足球鞋更突出的特点是鞋底有压模准钉和可转换鞋钉，以适应足球场地，可提供良好的抓地能力，鞋头及鞋帮车线明显，可防止变形且耐用（图11-2-7）。

图 11-2-5 慢跑鞋表现

图 11-2-6 长跑鞋表现

图 11-2-7 足球鞋表现

五、滑板鞋

滑板鞋是平地式、板式的鞋，如图11-2-8所示。因为是玩滑板的人穿的鞋，故称为滑板鞋，也有人称其为"板鞋"。与一般鞋类比较，滑板鞋不同的地方是它几乎都是平底的，以便于脚能完全的平贴在滑板上，且有防震功能，它的侧面还有补强部件。滑板鞋比较轻，胶底抓地性能好，能够抓住滑板。

六、旅游鞋

野外远足时，经常踏沙及在不平坦的地面行走，时而还需走过山洞，且远足者肩背较重的背包，容易出现扭伤和滑倒，故旅游鞋一般多为中帮，鞋底有齿式花纹，强调抓地性能（图11-2-9、图11-2-10）。

七、登山鞋

因为要面对恶劣的环境及寒冷多风的气候，所以这类鞋一般都很重，且非常坚固、韧性极佳并要求非常好的保暖性能，如图11-2-11所示。如果登的是雪山，专业高海拔登山靴一般为双层设计，外靴采用塑料材质，内靴采用保暖透气材质，能抵御零下40℃的严寒。

八、运动鞋设计表现

运动鞋设计表现的重点在于大底的表现，要强调大底与鞋帮之间的关系，类型不同的运动鞋大底设计点不同。总的来说整体造型以曲线为主，曲线型帮设计给人柔和、自由、流畅、富有生命力和运动性的感觉。帮面装饰与分割较多，但需处理好各工艺特点与材质感（图11-2-12~图11-2-19）。

图11-2-8　滑板鞋表现

图11-2-9　野外旅游鞋表现

图11-2-10　城市户外旅游鞋表现

图11-2-11　登山鞋表现

图 11-2-12　慢跑运动鞋表现

图 11-2-13　滑板运动鞋表现

图 11-2-14 篮球运动鞋表现（1）

图 11-2-15 篮球运动鞋表现（2）

134

图 11-2-16 创意运动鞋表现（1）

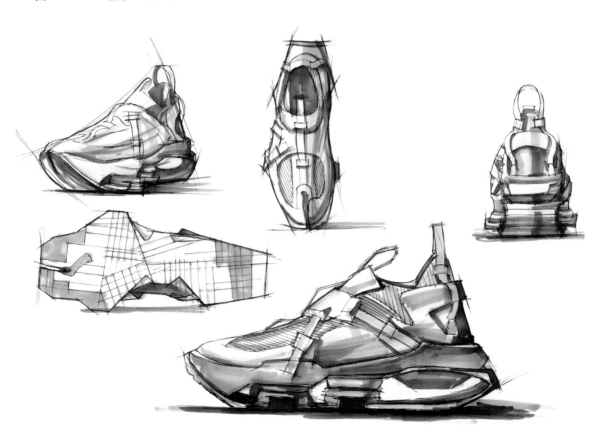

图 11-2-17 创意运动鞋表现（2）

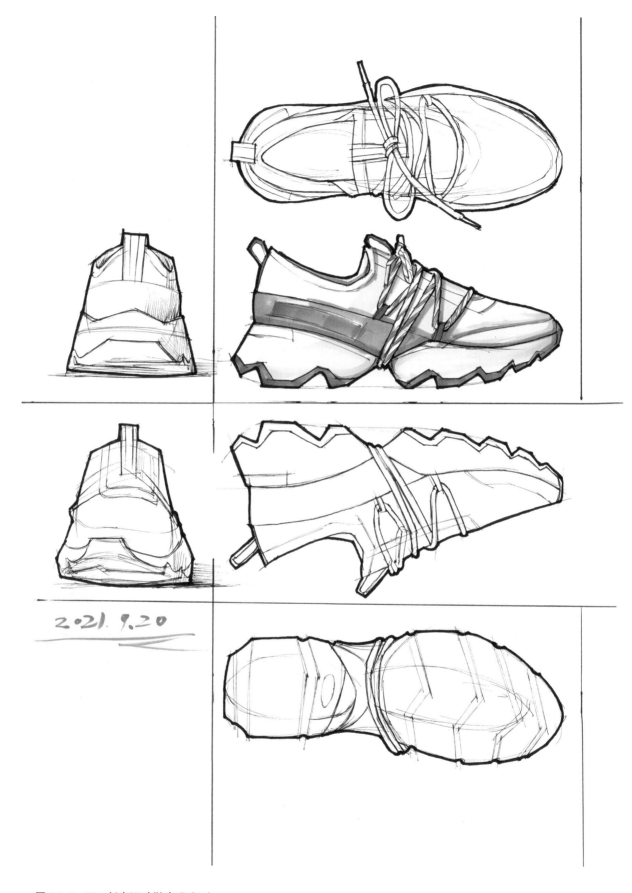

2021.9.20

图 11-2-18　创意运动鞋表现（3）

图 11-2-19 多色彩运动鞋表现

课后建议练习

1. 收集 10 款不同类型的运动鞋进行临摹练习；

2. 分析总结各类型运动鞋设计要领；

3. 设计 5 种不同类型运动鞋并绘制多角度效果图。

12 第十二章　特种鞋靴设计与表现

学习目标：　认识和了解特殊种类鞋靴的穿用功能、组成元素及设计方法。在掌握一定的特殊种类鞋靴设计方法的同时掌握其设计表现技巧。

学习要求：　1. 查找各种特种鞋靴资料并进行造型元素分析；
　　　　　　2. 通过讲解深入了解各种特种鞋靴设计要领及造型特点。

学习重点：　认真理解各种特种鞋靴设计要领及造型特点。

学习难点：　通过掌握各种特种鞋靴设计要点及主要造型特点，对不同特种鞋靴设计点准确把握并进行拓展设计。

第一节　特种鞋靴设计分析

特殊种类鞋靴简称特种鞋靴，主要是指某种特殊需求穿用的鞋靴，具有特殊功能和用途。常见的有：军用野战靴、避雷靴、防化靴、飞行靴、雪地靴、防辐射靴及各种特殊运动鞋等（图 12-1-1~ 图 12-1-3）。

特种鞋靴在设计时主要从其功能性出发，如特定工作环境下的防静电鞋、防火鞋、无声鞋等。冶炼工人所穿的劳动保护鞋具有阻燃、防穿刺、防砸、隔热等功能。不同军种所穿鞋靴在功能上都有一定的差异。雪地野战靴，具有防滑、防冻、保温等功能；热带丛林野战靴具有透气、防水、防穿刺、防剐等功能；排雷兵军靴要有防雷功能；轮滑鞋与冰上速滑运动鞋，在具有稳定性与减震性外要有减少摩擦系数的功能；登山运动鞋必须根据不同的登山环境进行设计，要求具有坚固、防滑、抓岩石或冰面防滑能力等功能，在结构、材料、形态及配件上要考虑保护性与轻便性。

图 12-1-1　沙滩鞋表现

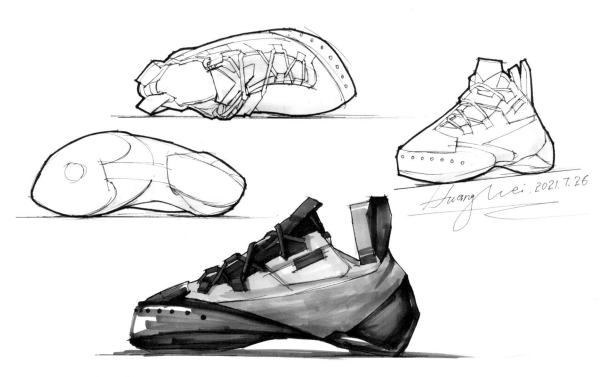

图 12-1-2　攀岩鞋表现

图 12-1-3　轮滑运动鞋表现

第二节　特种鞋靴设计表现

　　特种鞋靴的设计主要围绕使用者对实用功能的需要而展开，所以设计师在表现时要对工种及职业鞋靴的功能要求进行详细地了解，着重强调设计细节表现，如特殊造型、特殊材质、特殊功能部件等（图12-2-1~图12-2-9）。

图 12-2-1　沙滩鞋设计与表现

图 12-2-2　雨鞋设计与表现　　　　　　　图 12-2-3　劳保鞋设计与表现

图 12-2-4　带有弹跳功能的运动鞋设计与表现

图 12-2-5　多角度野战靴设计与表现

防硬钢包头

防刺穿鞋底

绝缘底

图 12-2-6　防电工作靴设计与表现

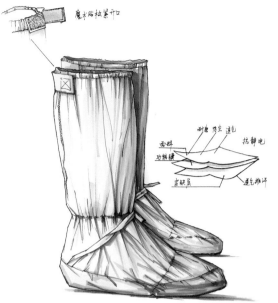

图 12-2-7　防化靴设计与表现

图 12-2-8　雪地靴设计与表现

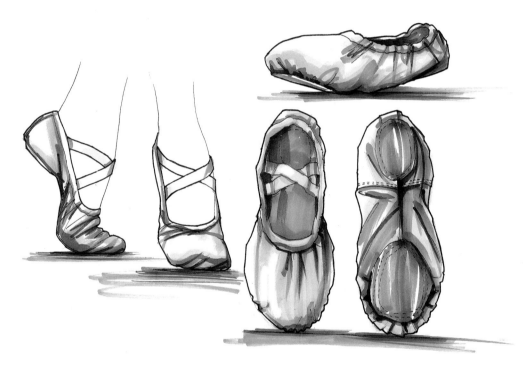

图 12-2-9　舞蹈练功鞋设计与表现

课后建议练习

1. 收集 10 款不同功能的特种鞋靴进行临摹练习；

2. 分析总结各类特种鞋靴设计要领；

3. 任选 5 种不同功能特种鞋靴进行设计并绘制多角度效果图。

13 第十三章　各种风格鞋靴设计与表现

学习目标：　认识和理解各种风格鞋靴的主要造型表现元素及其表现特
　　　　　　点，掌握其设计基本方法及表现方法。
学习要求：　1. 查找各种风格鞋靴资料并进行造型元素分析；
　　　　　　2. 深入了解各种风格鞋靴造型特点。
学习重点：　认真理解各种风格鞋靴主要造型特征。
学习难点：　通过掌握各种风格鞋靴主要造型特点，对不同风格鞋靴设计
　　　　　　点进行精准把握并进行拓展设计。

第一节　前卫风格鞋靴设计与表现

前卫风格鞋靴设计特征：野性、超前、新潮、怪异（图 13-1-1~ 图 13-1-5）。

前卫艺术一般表现出一种与传统彻底决裂的美学极端主义。喜欢破坏，推崇新奇，强调个性解放与创新正是"前卫"风格的最大特点。常见的前卫风格有西方"飞车党"、"光头党"、摇滚歌手、"朋克"等代表。不同于时装鞋，前卫鞋是在款式造型上突破原有的模式，借助超前的思想意识或社会思潮进行前卫的产品设计。

前卫风格鞋靴设计主要体现在以下几个方面：

（1）在楦型头式设计变化上，主要为在流行楦头式的基础上做适当的超长、超薄、超厚、超尖、超方或超斜方面的夸张处理。

（2）在鞋底、鞋跟造型上，不仅本身形态要夸张、奇特、造型怪异，还需与材质、色彩、图案等造型视觉要素相结合进行设计。

（3）在装饰图案的设计上，多采用不规则的抽象图案进行设计，具象图案多采用超现实主义艺术思潮和波普艺术的图案进行设计，使其产生背离真实、荒唐的前卫风格。

（4）在配件设计上，多采用特殊形体进行设计，如子弹、五角星、锁链、匕首、斧子、骷髅、蝎子等，材质上多选用金属或仿金属材料。配件的大小和数量根据设计需求进行选择，通常在设计应用上都体现出超常规性。

（5）前卫鞋色彩设计通常采取无彩色系，或金色、银色与彩色进行搭配设计。营造一种矛盾冲突激烈、视觉纷乱、刺激的设计感觉。

（6）在材质肌理的选择上，主要在新颖的基础上要具有炫耀性、坚毅感或野性，首选材料为较强的闪亮的金属材料，如闪亮的银灰色金属（感）的材料、闪光发亮的黑色漆皮革。

图 13-1-3 前卫造型运动鞋表现

图 13-1-1 前卫银色材质女靴表现

图 13-1-2 前卫镭射材质女鞋表现

图 13-1-4 前卫造型鞋表现（1）

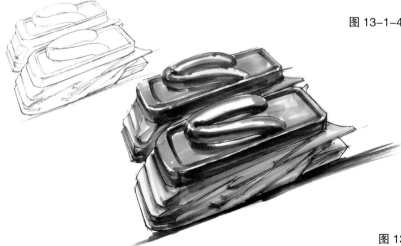

图 13-1-5 前卫造型鞋表现（2）

第二节　端庄干练风格鞋靴设计与表现

端庄干练风格鞋靴设计特征：高雅、干练、简约、端庄。

端庄干练风格鞋靴可以给人带来一种简洁、硬朗的审美心理感受，是一种男性化的风格，主要购买对象为性格要强的一些职业白领。

端庄干练风格鞋靴设计，其楦型和配件设计应寻求有直线和棱角造型特点的简洁新颖变化，不做过于复杂的结构式样变化或过多的帮部件分割变化。帮面、底跟和配件色彩与装饰工艺应时尚、简洁。在材质肌理设计上除比例使用流行材质肌理以外，也可以选用一些漆皮革、金属效应革等有硬朗感的材质。这些材质既可以满帮使用，也可以与少量的其他材质搭配使用，形成一种对比变化（图13-2-1、图13-2-2）。

图 13-2-1　端庄干练风格男鞋表现

图 13-2-2　端庄干练风格女浅口鞋表现

第三节　民族风格鞋靴设计与表现

民族风格鞋靴设计特征：异域文化、别样风情。

民族风格在文化和艺术上有自己鲜明的民族特色。而民族风格鞋靴设计主要是在形式层面上对传统的一种继承和把握。在对传统继承和把握过程中，主要是通过对传统形态和图案两个方面的改造创新，来继承具有民族造型式样的形态和图案，以完成对民族风格的塑造（图13-3-1、图13-3-2）。

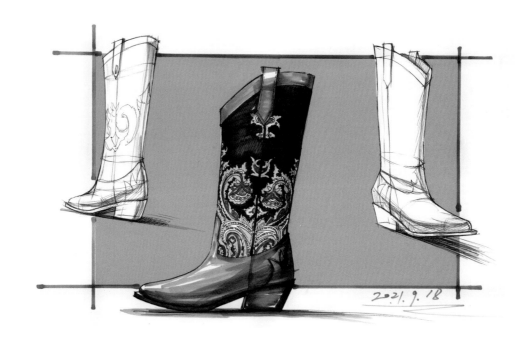

图 13-3-1　民族风格鞋靴设计与表现（1）

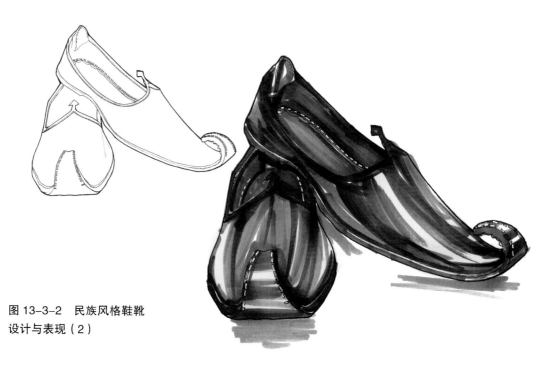

**图 13-3-2　民族风格鞋靴
设计与表现（2）**

第四节 浪漫风格鞋靴设计与表现

浪漫风格鞋靴设计特征：飘逸、柔美。

浪漫风格给人带来的是一种富有诗意和充满幻想的审美心理感受，同时充满艺术和夸张的美感。受众人群主要为有较强自我表现欲或富有想象力的年轻女性。

浪漫风格鞋靴设计元素要具有时尚、夸张、艺术、飘逸、甜美感。在配件设计上可以应用具象形态，如花草、禽鸟羽毛、心形等，还可以应用抽象形态，如文字、字母、抽象标志图形等。在材质肌理的选择上首选高亮、柔软或透明的材料和新颖优美的肌理来塑造女时装鞋的一种浪漫情调，如蕾丝、纱织物、丝绸、裘皮、透明塑料、羽毛、高亮的皮革等。还可以多采用高亮度水钻、金属饰品、仿宝石饰品、裘皮、羽毛、透明塑料、纱织物等不同材质的材料进行组合设计（图13-4-1、图13-4-2）。

图 13-4-1 禽鸟羽毛装饰浪漫风格女鞋表现

图 13-4-2 纱织物装饰浪漫风格女鞋表现

第五节 天真风格鞋靴设计与表现

天真风格鞋靴设计特征：稚气、可爱、纯真、有趣。

天真风格适合于年龄较小或"少女心"较强的女青年，其风格特征主要是通过造型、装饰配件、图案、装饰工艺和色彩等造型元素，营造出有趣、稚气和天真烂漫的感觉。具体表现时可以在大底、装饰配件、图案上做些有趣设计，如花、草、树叶、水果、卡通人物或动物头像等具象或半具象设计，工艺手法可以通过浮雕、刺绣、镂空、印刷来实现。同时还可以使用蕾丝装饰工艺来表现，蕾丝花边在具体设计与表现时应在单元花型、大小、数量、位置、颜色与质地等方面进行创新。色彩设计上主要选择粉色系，粉色系列颜色具有独特和强烈的纯情、可爱的表现特征（图13-5-1）。

图 13-5-1 水果图案装饰天真风格女鞋表现

第六节　牛仔风格鞋靴设计与表现

牛仔风格鞋靴设计特征：洒脱、粗犷、不羁。

牛仔风格鞋靴最具世界性影响和自己独特的风貌，是更适合与当今牛仔服装搭配穿着的一种鞋类。牛仔风格较适合在中、高筒时装靴中进行体现。

牛仔风格鞋靴设计在装饰工艺上常用流苏、砂洗（磨砂）、拼缝、镂空、拉毛、刺绣、穿条（花）等；在装饰表现形式上常用蕾丝花边、流苏、木制时尚饰品、金属铆钉和金属链等；在材料选用上通常以牛仔布和皮革为主（图13-6-1、图13-6-2）。

图 13-6-1　牛仔风格鞋靴表现（1）

图 13-6-2　牛仔风格鞋靴表现（2）

第七节 田园风格鞋靴设计与表现

田园风格鞋靴设计特征：恬淡、温馨、素朴。

田园风格鞋靴设计力求表现出田园和自然的一种情趣和生命力。田园风格鞋靴设计同样主要是通过装饰配件、图案和形态三种造型元素的创新变化来把握。在设计手法上主要体现在"仿真"手法的使用，图案多以印刷图案、镂空图案、刺绣图案等来实现；其鞋帮底多选用对皮肤无害且能降解的天然有机材料，如天然皮革、棉织物、麻织物、橡胶等；鞋上的装饰配件（装饰品）也多用木、石、藤、竹、草、贝壳、羽毛等材料进行制作（图13-7-1~图13-7-3）。

图 13-7-1 田园风格女鞋表现（1）

图 13-7-2 田园风格女鞋表现（2）

图 13-7-3 田园风格休闲鞋表现

课后建议练习

1. 收集 10 款不同风格鞋靴进行临摹练习；

2. 分析总结各类风格鞋靴设计要领；

3. 任选 5 种不同风格鞋靴进行设计并绘制多角度效果图。

参考文献

［1］陈念慧.鞋靴设计学［M］.北京：中国轻工业出版社，2015.

［2］黄伟.服装画表现技法［M］.上海：东华大学出版社，2020.

［3］杜少勋.运动鞋设计［M］.北京：中国轻工业出版社，2007.

［4］杨志锋.运动鞋专题设计［M］.北京：中国轻工业出版社，2019.

［5］李贞.鞋类造型设计［M］.北京：中国轻工业出版社，2019.

［6］张建兴.鞋类效果图技法［M］.北京：中国轻工业出版社，2012.